U0312017

闭式透波等离子体放电
与隐身应用

徐浩军　魏小龙　张文远　韩欣珉　著

科学出版社

北京

内 容 简 介

本书立足于飞行局部强散射部件的雷达散射截面缩减，以闭式透波腔等离子体隐身技术为研究对象，设计研制了闭式透波等离子体发生器，并基于低功耗的等离子体产生方法开展了放电实验，同时对等离子体参数诊断和针对提升隐身效果的参数优化进行了一些探索性的方法研究。本书的研究成果在理论上可为闭式等离子体隐身技术应用中的重要参数调节提供客观分析和决策依据；在实践上可为针对飞行器局部强散射部件隐身的闭式等离子体发生器设计提供参考。

本书可供从事飞行器隐身设计、等离子体隐身等领域研究的相关人员阅读，也可供航空器飞行安全理论研究、飞行器设计制造和使用维护等专业的技术人员以及高等院校航空工程相关专业的教师和研究生参考。

图书在版编目（CIP）数据

闭式透波等离子体放电与隐身应用 / 徐浩军等著. —北京：科学出版社，2019.11

　ISBN 978-7-03-062143-6

　Ⅰ.①闭… Ⅱ.①徐… Ⅲ.①等离子体-放电-研究　②等离子体-隐身技术-研究　Ⅳ.①O53　②O461　③TN974

中国版本图书馆 CIP 数据核字 (2019) 第180944号

责任编辑：张海娜　赵微微 / 责任校对：郭瑞芝
责任印制：吴兆东 / 封面设计：蓝正设计

科 学 出 版 社 出版
北京东黄城根北街 16 号
邮政编码：100717
http://www.sciencep.com

北京虎彩文化传播有限公司 印刷
科学出版社发行　各地新华书店经销
*
2019 年 11 月第 一 版　开本：720 × 1000 B5
2020 年 1 月第二次印刷　印张：12 1/4
字数：244 000
定价：98.00 元
（如有印装质量问题，我社负责调换）

前　言

　　随着现代探测和制导技术的发展及其在武器装备系统中的大量应用，飞机、导弹等飞行器的隐身设计指标不断提高，为了尽量降低空中目标的可观测性，避免被雷达等设备探测和识别，新型隐身技术不断涌现。等离子体隐身技术作为一种目标雷达特征信号控制的新兴技术，其核心是等离子体与电磁波的相互作用。等离子体隐身是指利用等离子体发生器、发生片或者放射性同位素在目标表面形成一层等离子体，通过设计等离子体的特征参数，使照射到等离子体上的雷达波能量衰减，传播方向畸变，减少返回到雷达接收机的能量，从而达到隐身的目的。

　　等离子体隐身技术具有吸波频带宽、吸收率高、隐形效果好、使用简便、使用周期长、造价相对低廉、维护费用低等显著优点，并且等离子体参数具有良好的可调控特性，可针对不同威胁波段选择合适的等离子体参数以达到最佳的隐身效果。与此同时，适当设计等离子体隐身装置，一方面通过对雷达波的吸收实现对目标的隐身，另一方面利用专门设计的具有锐边界的等离子体作为转发器和天线，将与其共振的雷达波经延迟后转发回去，在雷达接收机上产生假目标。

　　本书是作者与研究团队长期从事等离子体隐身研究的总结和凝练。作者先后承担了国家自然科学基金、武器装备预研基金等项目，对等离子体和电磁波的相互作用规律、等离子体在隐身方向的应用进行了较为深入的研究。本书从理论计算与实验分析的角度研究不同等离子体放电下的参数分布，分析不同参数对电磁波衰减效果的影响，对等离子体应用于雷达罩进行可行性探索。研究成果可为等离子体隐身中放电源设计以及电磁波的调控提供借鉴意义。本书的主要工作和各章内容安排如下所示。

　　第 1 章绪论，介绍本书的背景和意义，总结等离子体隐身技术、等离子体发生与参数诊断技术及等离子体隐身仿真计算方面的研究现状，介绍闭式等离子体隐身的概念和基本要求，列出本书的章节结构和主要研究内容。

　　第 2、3 章介绍基于低气压多层介质阻挡放电、辉光放电和射频电感耦合的闭式等离子体发生器技术，介绍不同的激励参数对气体放电的影响，测量其发射光谱数据以获取腔体内的等离子体参数分布规律，分析对闭式放电腔体内等离子体参数分布产生影响的因素，利用流体模型对多层介质阻挡放电、射频放电过程进行仿真模拟，从隐身技术的适用性角度对射频电感耦合和高压高频放电进行比较分析。

　　第 4 章介绍等离子体参数碰撞-辐射模型诊断技术，通过细化放电粒子的反应过程和相应的反应速率系数，使碰撞-辐射模型能够用于中低气压下的等离子体参数诊断，介绍等离子体参数的智能诊断方法，给出径向基函数网络模拟碰撞-辐射模型的分析诊断过程。

第5、6章介绍非均匀等离子体电磁波作用分层计算模型，介绍基于遗传算法的等离子体隐身性能优化的方法，针对等离子体隐身参数优化中存在的局部极值问题，通过对激励度评估、免疫选择和亲和突变等免疫操作的模拟，将人工免疫机制引入标准遗传算法，提高算法的全局寻优性能。

第7、8章介绍雷达罩构型的石英夹层感性耦合等离子体发生器技术，针对飞行器雷达罩散射特征降低的需求，分析电磁波在石英夹层感性耦合等离子体中的传播特性并计算其反射率，同时开展反射率测量实验，分析石英夹层感性耦合等离子体的散射特性。

本书第1章由徐浩军撰写，第2~4章由苏晨、韩欣珉撰写，第5、6章由魏小龙撰写，第7~9章由陈俊霖、张文远撰写。全书由徐浩军负责统稿。博士研究生宋志杰，硕士研究生陈增辉、武欣、段效聪、田宏峰等为本书的撰写做了大量工作，在此表示感谢。

本书的出版得到了国家自然科学基金(11805277)的资助。由于作者水平有限，书中难免存在不足之处，欢迎专家、读者不吝赐教。

目　录

第1章 绪 论

1.1 研究背景

随着现代探测和制导技术的发展及其在武器装备系统中的大量应用，飞机、导弹等飞行器在战场上的生存能力受到了极大的挑战。为了尽量降低空中目标的可观测性，避免被雷达等设备探测和识别，隐身技术应运而生。雷达隐身技术是以电磁散射理论为基础的，为了使飞行器不被雷达发现，最有效的方法是降低其雷达散射截面(radar cross section，RCS)。传统的隐身技术包括隐身外形技术和隐身材料技术，其中隐身外形技术是指通过对目标的非常规外形设计降低其 RCS 的技术，而隐身材料技术是指利用吸波材料吸收衰减入射的电磁波，并将其电磁能转换为热能而耗散掉或使电磁波因干涉而消失的技术。

等离子体是由大量接近自由运动的带电粒子和中性粒子组成的、具有集体行为的准中性气体，是继物质存在的固态、液态和气态之后出现的第四种物质形态。任何普通气体在外界的高能作用下都有可能变为等离子体，这些高能作用包括高电压激励、高温、强激光及高能粒子轰击等。在这个过程中，电子吸收的能量超过原子的电离能而成为自由电子，同时失去电子的原子成为带正电的离子，因自由电子数与离子数密度近似相等，所以等离子体整体上呈现电中性。等离子体的粒子行为特征受到电磁场力的支配与作用，对电磁波的传播具有很大的影响。

等离子体隐身技术作为一种目标雷达特征信号控制的新兴技术，其核心是等离子体的生成与适度应用。等离子体隐身是指利用等离子体发生器、发生片或者放射性同位素在武器表面形成一层等离子云，通过设计等离子体的特征参数，使照射到等离子云上的一部分雷达波被吸收，另一部分雷达波改变传播方向，减少返回到雷达接收机的能量，从而达到隐身的目的。等离子体隐身技术具有如下优点：

(1)等离子体隐身基本上不需要对武器装备外形结构进行特别的改装，对飞行器来讲不影响其气动性能，合理地使用等离子体还能有效减小飞行阻力。

(2)等离子体可以通过激励电源开关迅速地产生和消失，从而以主动控制的方式实现了隐身，这种灵活性为隐身及自身的通信和导航提供了方便。

(3)等离子体隐身具有吸波频带宽、吸收率高、隐形效果好、使用简便、使用周期长、造价相对低廉、维护费用低等优点。

(4)隐身效果的影响因素多,便于针对不同威胁选择合适的等离子体,也可以通过调整等离子体参数达到最佳的隐身效果。

(5)能在隐身的同时产生假目标,适当设计等离子体隐身装置,一方面,通过对雷达波的吸收实现目标的隐身;另一方面,利用专门设计的具有锐边界的等离子体作为转发器和天线,能够将与其共振的雷达波经延迟后转发回去,在雷达屏幕上产生一个与飞行器位置不同的假目标。

现在我军装备的战斗机基本上不具备隐身性能,在各种技战术性能上与美国、俄罗斯等军事强国还有较大的差距。在传统的隐身方法中,采用结构隐身成本太高,并且隐身结构设计会使飞行器的气动特性变差,从而对其作战性能产生负面影响;而采用涂层隐身不易维护,费用较高。此外,传统的隐身手段均存在对频率敏感的问题,仅能用于特定频段的电磁波,对于在特定频段之外的电磁波其隐身性能大大降低。考虑到等离子体隐身所特有的许多优点,特别是对飞行器外形没有特殊要求,可以把不具备隐身性能的现有飞机改装成隐身飞机,若能在等离子体隐身技术上有所突破,意义将是十分明显的。

但是,当前要将等离子体覆盖于飞行器表面以实现飞行器的隐身,还存在以下瓶颈问题:

(1)对于高速运动中的飞行器,由于气流影响,很难在其表面形成并维持隐身需要的等离子体层;

(2)隐身用的等离子体通常通过电离气体产生,这个过程需要较大功率的电源输出,输出功耗与放电尺寸及环境(如工质气体类型、气体压力等)密切相关,要在低空环境下电离气体实现整机覆盖,在当前的机载电源条件下是难以实现的;

(3)等离子体隐身技术主要实现雷达波的折射和吸收,但与此同时也带来了射频辐射、红外特征增强等问题。

另外,有研究表明,飞行器正向的 RCS 主要由雷达罩、进气道和座舱等典型的空腔结构贡献,约占到全机正向 RCS 的 90%,而正面±30°范围内的 RCS 均值是衡量飞行器 RCS 值大小的重要指标,标示了该飞行器被前向雷达探测发现的难易程度。

针对综合开放空间应用等离子体隐身技术存在的问题和局部强散射部件对飞行器 RCS 的重要影响,可以考虑在有限的封闭空间内产生等离子体以降低其放电功耗,然后在飞行器局部应用等离子体隐身技术以缩减其 RCS。本书对这种闭式等离子体发生装置及其放电等离子体参数分布进行实验分析,对等离子体参数的诊断方法进行研究,在分析等离子体分布对电磁波吸收影响的基础上研究获取最优隐身效果的等离子体参数优化方法。

1.2　国内外研究现状

1.2.1　等离子体隐身技术的研究现状

美国休斯(Hughs)实验室测量了充满等离子体的陶瓷罩包裹的微波反射器RCS，发现在 4～14GHz 频率范围内其 RCS 缩减至 20～25dB，最早通过实验验证了等离子体隐身技术的效果和应用前景。1999 年，俄罗斯的等离子体隐身技术研究向实用化方向迈出关键一步，据报道，克尔德什(Keldysh)研究中心先后开发了三代等离子体发生器，并实际应用于米格-1.44 战斗机，使其具有了隐身性能。在国内，中国科学技术大学曹金祥(1999)领导的课题组从理论方面和实验方面对天线罩的等离子体隐身进行了深入研究，设计了采用射频电容耦合放电方式在天线罩内产生等离子体的实验方案，并对提高电子密度的方法和天线罩对微波的反射影响进行了实验分析，如图 1.1 所示，其中 MFC 为质量流量控制器。西北工业大学朱冰(2006)对导弹的雷达罩等离子体隐身进行了研究，采用微波等离子体发生器方案(图 1.2(a))，研究了工质气体和环境压强对电磁回波的影响，但其天线罩不能作为独立的实验装置，实验需在专门的真空舱内开展。孟刚等(2008)设计了一种用于降低雷达罩电磁散射的薄层等离子体隐身天线罩(图1.2(b))，通过时域有限差分(finite-difference time-domain，FDTD)方法研究了该天线罩的 RCS，讨论了雷达罩隐身时等离子体的截止效应和吸收效应的平衡关系。何湘(2010)为验证等离子体技术对进气道在1～2GHz 波长范围内的隐身作用，设计将等离子体管铺设于金属筒内壁(图1.3(a))，并测量了其对电磁波的回波衰减，证明了这种覆盖方案能够对电磁波产生有效的吸收作用(图1.3(b))。张志豪等(2013)研究了不同实验参数条件下的电子束空气等离子体形态参数和电磁参数模型，并对电子束等离子体与电磁波的作用进行了理论分析和实验研究。

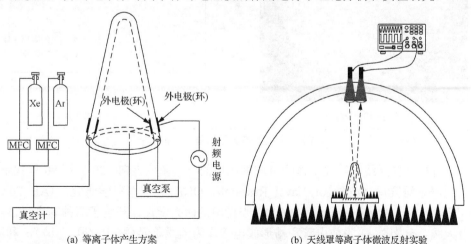

(a) 等离子体产生方案　　　　　　　　　　　(b) 天线罩等离子体微波反射实验

图 1.1　天线罩射频电容耦合等离子体隐身研究

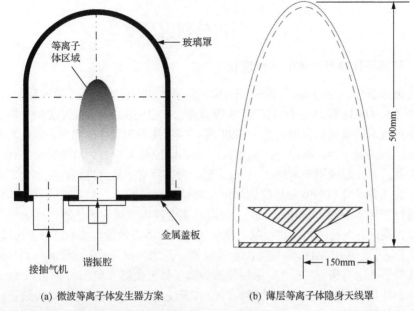

(a) 微波等离子体发生器方案　　　　(b) 薄层等离子体隐身天线罩

图 1.2　天线罩等离子体隐身方案

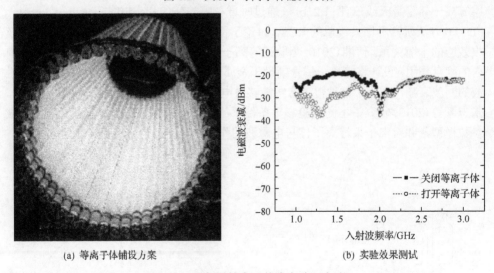

(a) 等离子体铺设方案　　　　　　(b) 实验效果测试

图 1.3　进气道等离子体隐身验证实验

等离子体天线是等离子体隐身技术应用的一个重要方向。20 世纪 90 年代末，美国海军研究局(Office of Naval Research，ONR)和空军科学研究局(Air Force Office of Scientific Research，AFOSR)委托田纳西大学设计开发了两种等离子体隐身天线，分别以 U 形放电管和栅形放电管作为天线单元(图 1.4(a)、(b))，利用通电时放电管具有的导体特征，可以用于发射和接收信号，电源断开后放电管成为绝缘体,达到雷达隐身的效果。在此基础上,美国海军研究院(Naval Postgraduate School, NPS)研制了由条形放电管组成的栅形反射面等离子体天线(图 1.4(c))。澳大利亚也针对等离子体开展了广泛的理论及实验研究,堪培拉大学在澳洲核科学与工程研究所(Australian Institute of Nuclear Science and Engineering,AINSE)和澳洲研究委员会(Australian Research Council,ARC)的支持下对 500MHz 以下等离子体通信天线开展了研究,对其激励方式、辐射效率、噪声、辐射方向性及等离子体导电特性进行了较全面的理论分析和实验测定。在国内,王亮等(2007)对频率为 9~11GHz 的电磁脉冲在实验室稳态无磁场等离子体中的传播问题进行了实验研究,测量了 0.165×10^{11}~$1.143\times10^{11}\mathrm{cm}^{-3}$ 的等离子体密度范围内,电磁脉冲通过等离子体传播的时间。表面波等离子体柱可作为具有隐身性能的等离子体天线使用,核工业西南物理研究院的王世庆等(2009)对表面波等离子体柱展开了研究,通过实验分析了等离子体柱电导率与等离子体密度和长度的关系,提出了可有效提高等离子体柱导电性和系统整体性能的激励方案。

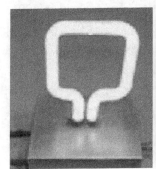  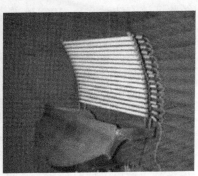

(a) U形放电管   (b) 栅形放电管   (c) 条形放电管

图 1.4　美国研制的等离子体天线样机

在与等离子体隐身技术相关的其他领域方面,罗琦(2010)从理论上研究了返回舱再入时等离子体鞘套的隐身特性,并基于强激光在等离子体中的通过特性探讨了黑障情况下的通信问题。空军工程大学曾昊等(2006)从等离子体隐身在飞行器上的应用角度出发,建立了开放式等离子体隐身方案下粒子与飞行器表面作用的数学模型,通过研究等离子注入后所引起的晶格损伤、崩溃及在飞行器表面可能形成的针孔、气泡等以及等离子体与飞行器表面碰撞产生的加热功率和离子注入温升,分析了等离子注入对飞行器表面产生的各种影响。

隐身技术作为一种可能对作战进程(特别是空中作战)产生重大影响的关键技术,各国的应用研究都处于严格的保密状态,由各种资料披露的关于等离子体隐身技术发展的相关信息十分有限,这也使得等离子体隐身技术本身受到一定程度的质疑。也有相关文献对美国和俄罗斯等离子体隐身技术的研究成果加以介绍,虽然国内外绝大多数的相关研究都采用了类似的描述，但相关文献从经济实用性的角度对美国的等离子体隐身技术研究提出了质疑，大连海事大学的白希尧等(2003)通过分析体积、重量、能耗等各方面的因素，针对俄罗斯等离子体隐身技术的应用现状给出了自己的看法，并以此提出了我国等离子体隐身技术发展的思路。

1.2.2　等离子体发生技术的研究现状

最早应用于隐身研究的等离子体发生方法是放射性同位素方法，早在20世纪70年代中期美国就在武器装备上涂敷放射性同位素，利用其激发的等离子体缩减装备的 RCS。但是为了对常用目标雷达频段的电磁波有较好的隐身效果，必须使用较大的辐射能量以达到所需求的等离子体密度，这可能对装备的维护人员和使用人员造成伤害，同时也使放射性同位素方法的使用成本和维护难度极大提高。

1988 年，Vidmar 等研究利用电子束方式以氢气作为工作气体产生等离子体，经验证该方法对 $0.1\sim10GHz$ 的电磁波有一定的吸收作用。之后 Manheimer(1991)研究了利用电子束产生大范围等离子体的方法，分析了将等离子体作为雷达反射体对其参数的需求。在国内，中国科学技术大学李弘等(2006)对电子束等离子体进行了研究，分析了等离子体参数与电子束之间的关系。

微波放电是将微波功率通过波导和谐振腔馈入等离子体发生器中，产生强的交变电场使气体击穿，从而产生并维持等离子体放电。Shibkov 等(2006)在低气压(约 500mTorr，$1Torr\approx133.322Pa$)下利用 35kW 的微波功率源产生等离子体，密度可达到 $10^{12}cm^{-3}$ 量级。西北工业大学杨涓等(2002；2008)对微波等离子体的产生进行了研究，同时探索了微波等离子体的隐身应用。

辉光放电根据激励源的不同可分为直流辉光放电和高频辉光放电。相对于高频辉光放电，直流辉光放电能量大、能耗高，同时对电极的烧蚀作用较强，不适于作为机载的等离子体发生方式。美国海军研究院的 Murphy 等(1999)用辉光放电方式以 $20\sim100mTorr$ 的氧气为工质产生等离子体，研究了其对 X 波段雷达波的影响并同时验证了等离子体对电磁波作用时的截止频率现象。白希尧等(2004)设计研制了一种可贴于装备强散射部位的薄片式等离子体发生器，利用高压电源激励产生高密度的等离子体，再通过气流将其输出至发生器。在使用平行电极的辉光放电基础上，Kanazawa 等(1988)在电极间加入绝缘介质，实现了由许多丝状放电通道组成的介质阻挡放电。在气流影响下的放电实验研究表明，这种放电较少受外部气流的影响，而主要与放电电源功率、频率及气体类型相关，因而介质阻挡放电被广泛应用于飞行器流动控制中。

常用的射频放电电源频率为 13.56MHz 或 27.12MHz，根据电极形式和能量耦合方式的不同分为射频电容耦合等离子体(capacitive coupled plasma，CCP)和射频电感耦合等离子体(inductive coupled plasma，ICP)方式，CCP 和 ICP 在一定条件下可能同时存在于放电过程中。射频电容耦合放电的基本放电装置如图 1.5(a)所示，在此基础上为了提高产生的等离子体密度，发展形成了双频电容耦合等离子体(dual-frequency CCP，DF-CCP)，其基本放电装置如图 1.5(b)和(c)所示。低气压下的射频电容耦合放电易产生较大面积的等离子体，可用来进行薄膜沉积和刻蚀表面改性，被广泛用于半导体生产工艺中，在中国科学技术大学有将其应用于天线罩隐身的研究，但相关文献也指出，由于其受能量耦合效率限制，产生的电子密度有限，通常在 $10^9 \sim 10^{11} \text{cm}^{-3}$ 量级，限制了其使用范围。王平等(2002)比较多种高密度等离子体源后指出射频感应耦合等离子体源的激励方法为外激法，无外加磁场，结构简单，能产生高密度的纯净等离子体，使用寿命长，性价比高。

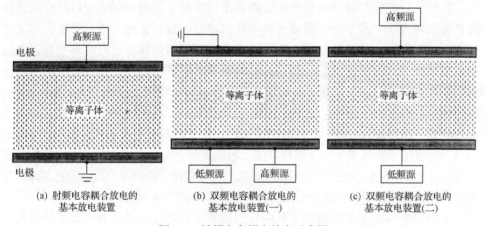

图 1.5 射频电容耦合放电示意图

此外还有燃烧喷流、光致电离等等离子体产生方式，由于受使用环境和设备复杂度的影响，应用于机载的闭式等离子体隐身技术尚存在较大的困难。

1.2.3 等离子体参数诊断技术的研究现状

等离子体参数诊断技术就是通过各种光学、电学、电磁学等手段对等离子体中发生的物理化学过程进行检测和分析，获取等离子体内部带电粒子状态及特性的过程，其中电子温度和电子密度是等离子体最基本、最重要的参数。探针方法是等离子体参数诊断的常用手段，其中 Langmuir 探针出现最早，其理论发展比较成熟，至今在等离子体参数诊断领域仍发挥着重要的作用。Issac 等(1998)、James 等(2007)都采用 Langmuir 探针对等离子体进行测试，并对实验中获得的等离子体电信号给出了各自的解释。Langmuir 探针属于一种介入式的等离子体诊断方法且受使用环境的限制较大，进而影响它的使用范围。

等离子体频率 ω_p 对波在其中的传播有直接的影响，由于 $\omega_p^2 \approx (e^2 n_e)/(\varepsilon_0 m_e)$，

可以通过测量波的特性计算等离子体参数，其中微波干涉法是最常用的方法。微波干涉法的基本原理是比较微波通过等离子体后产生的相位差，得到微波传播常数的变化，以此得到等离子体密度。Kamran 等(2003)在高气压下利用微波干涉仪对等离子体密度进行了测量，给出了低碰撞和高碰撞条件下利用相位计算等离子体密度的公式。Cappelli 等(2005)、Nagornyi 等(2006)对微波干涉仪进行了改进，提高了测试精度。在国内，易臻(2006)用微波干涉法对 SUNIST 球形托卡马克装置进行了分析。李英量等(2006)利用 8mm 微波干涉系统测定了偏滤器中等离子体的平均密度变化。王艳等(2007)基于直通-反射-匹配(thru-reflect-match，TRM)方法对金属真空罐环境下等离子体微波诊断校准方法进行了研究。王慧慧(2009)利用微波点天线和单极子天线对双源射频放电等离子体的密度分布进行了测量。

此外，将探针与微波相结合的诊断方法也得到了研究。Stenzel(1975)提出微波共振探针方法，基于微波测量理论中的二端口谐振腔原理，通过分析在等离子体中介电常数变化导致的探针与周围介质共振频率的偏移，获取等离子体密度信息。应用微波共振探针，Kim 等(1995)测量了半导体桥的电子密度，中国科学技术大学曹金祥等(1999)测量了阴极放电等离子体电子密度的径向分布。Kondrat'ev 等(2002)、Piejak 等(2004；2005)、Brian 等(2007)、Karkari 等(2007)通过理论和实验研究，对微波共振探针方法做出改进，扩展了其测量对象和测量范围。Kokura 等(1999)提出了等离子体吸收探针方法，通过测量分析等离子体吸收频率获取等离子体局部密度。Scharwitz 等(2009)对等离子体吸收探针做出了改进，设计了球对称等离子体吸收探针以解决多个吸收信号对数据测量的干扰问题。

光谱诊断方法是分析等离子体中发生的物理化学过程及诊断等离子体参数的重要方法。当前主要的等离子体光谱诊断技术有发射光谱(emission spectroscopy，ES)、吸收光谱(absorption spectroscopy，AS)、激光诱导荧光光谱(laser induced fluorescence spectroscopy，LIFS)和光腔衰荡光谱(cavity ring down spectroscopy，CRDS)。发射光谱是物质的分子、原子和离子等粒子从高能态跃迁到低能态，释放出光子而形成的光谱。对于本书研究的用于飞行器局部隐身的闭式等离子体，激发态粒子的形成主要是受激过程，即电子从电场中获得能量，通过与气体分子的碰撞使气体分子激发或电离。发射光谱法作为一种非介入式的等离子体诊断技术，相对于其他诊断手段，具有操作方便、无干扰的优点，对不同尺寸、均匀或非均匀等离子体等都可进行准确诊断。为通过发射光谱获取低温等离子体参数信息(主要是电子温度 T_e 和电子密度 n_e)，最常用的方法是谱线比值法，主要通过分析等离子体相关物化过程计算选定的谱线对的比值并将其与实验数据比较，得到需要的参数。Wu 等(2008b)对纳秒脉冲电源激励的表面介质阻挡放电光谱进行了测试，分析了激励电压、频率和压力等对光谱特性的影响，通过实验得到了大气压情况下，4～10kV 激励电压表面放电的电子温度约为 1.6eV。王长全等(2011)利用发射光谱测量计算了氩-汞混合工质无极灯的等离子体参数，获取了其参数分布规律。

1.2.4 等离子体隐身仿真计算的研究现状

WKB（Wentzel-Kramers-Brillouin）方法是求解缓变介质中电磁波传播问题较成熟的近似方法，它以几何光学近似为基础，是讨论等离子体隐身技术使用最多的解析方法。郭斌（2002）利用 WKB 方法研究了大气等离子体中电磁波的衰减情况。针对再入体的隐身和反隐身需求及通信"黑障"问题，国防科技大学常雨等（2008）也将 WKB 方法用于研究再入体的雷达散射特性。

Yin 等（2013）利用传递矩阵法对通过薄层非均匀磁化等离子体的电磁波传播特性和偏振特性进行了分析。钱志华（2006）通过矩量法对磁化/非磁化等离子体覆盖的导体圆柱散射特性进行了计算，并开展了等离子体天线散射特性的仿真。中国科学院空间科学与应用研究中心的梁志伟等（2008）通过矩量法计算了柱形等离子体天线的输入阻抗、辐射等参数，并分析了等离子体参数对天线辐射特性的影响。Li 等（2010）综合运用了矩量法和 FDTD 方法计算了等离子体角频率和电子碰撞频率对等离子体覆盖的海面目标特性的影响。Yu 等（2011）基于阻抗匹配边界研究了利用矩量法对涂敷各向异性介质的三维目标电磁散射分析的方法，通过在几个典型目标的分析上与物理光学法进行比较，验证了方法的可行性，同时计算了等离子体覆盖的卫星电磁散射情况，验证了其隐身性能，该方法也可用于各向同性介质的情况。

FDTD 方法是电磁研究领域最具有代表性的数值仿真方法。利用对电场强度的递归卷积求和计算等离子体的电位移矢量，Luebbers 等（1990）提出了递归卷积FDTD（recursive convolution FDTD，RC-FDTD）方法。在此基础上，Kelly 等（1996）利用线性变化的场强代替 RC-FDTD 方法中的常量场强，提出了分段线性递归时域有限差分（piecewise linear recursive convolution FDTD，PLRC-FDTD）方法。Chung 等（2002）通过 FDTD 方法研究了等离子体覆盖下的底直径 10cm、高 30cm 的金属锥在 S 波段和 X 波段的 RCS，分析了电子振荡频率为 10GHz、碰撞频率为 20GHz 的 1cm 厚等离子体对 RCS 的影响，并基于开放式的等离子体隐身指出了在一定输入功率条件下产生并维持指定参数的等离子体存在较大困难。Chaudhury 等（2009）同样采用 FDTD 方法对非均匀的低温等离子体覆盖的平板进行研究，发现除了在几个特定角度其双站 RCS 有所增加以外，大部分角度范围内双站 RCS 能够得到有效的缩减，他们进一步研究了电子束激发的氢等离子体的输入功率与 RCS 缩减的关系，指出在给定的功率情况下，使用合适的等离子体参数组合能够有效提高其吸波效率。在国内等离子体研究中，FDTD 方法也得到大量的关注和广泛的应用。国防科技大学刘少斌等（2002；2003；2004）对 FDTD 方法及其改进算法进行了深入研究，针对磁化/非磁化等各种形式的等离子体进行了仿真。Yang 等（2010）使用 SO-FDTD (shift-operator FDTD)方法研究磁化等离子体对电磁波的吸收特性,比较了均匀分布等离子体与典型的 Epstein 分布的等离子体在隐身效果上的不同,因为介质参数不存在突变,Epstein 分布对电磁波的反射要小于均匀分布情况。晏明等(2008)利用 Z 变换 FDTD(Z-transform-based FDTD, ZT-FDTD)对非磁化等离子体覆盖的导体柱进行了研究,分析了等离子体参数对双站散射特性的影响。此外,针对等离子体等色散介质的(FD)^{2}TD(frequency-dependent finite-difference time-domain)方法也得到了广泛研究。

1.3　闭式等离子体隐身的概念和基本要求

　　针对已有的等离子体隐身相关研究,可对飞行器闭式等离子体隐身技术进行如下定义:基于局部强散射部件对飞行器 RCS 的决定性影响,在封闭式放电腔体内产生等离子体使其覆盖重点部位的飞行器局部隐身技术。其基本形式如图 1.6 所示。

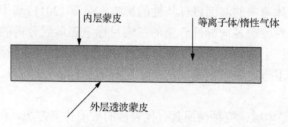

图 1.6　闭式等离子体隐身示意图

　　对闭式等离子体隐身技术展开研究,必须对其应用对象及应用条件的要求进行深入了解。

　　(1)从应用对象上看,飞行器头向是主要的威胁方向,因而对飞行器头向 RCS 有极大贡献的座舱、雷达罩和进气道等空腔结构应是隐身的重点,同时机翼前沿也可能对 RCS 产生影响。在这些结构中,除去座舱难以应用如图 1.6 所示结构的隐身方式外,其他部位均可以通过合适的改进和外形设计以实现等离子体的遮挡和覆盖。对于雷达罩,由于其结构和位置的特点,等离子体发生装置设计和安装相对容易,相关文献就针对雷达罩的等离子体隐身开展了一定的研究并于实验室环境下进行了相关的实验。雷达罩的闭式等离子体隐身主要包含如图 1.7 所示的几种方案。对于进气道而言,相关文献基于测试等离子体在进气道内对雷达波吸收效果的目的设计了如图 1.3 所示的方案,由于在飞机发动机工作时对于进气道内的流场条件有着严格的要求,使用这样的方案等离子体发生器可能导致内部流场紊乱,影响飞机性能甚至飞行安全。但文献中的设计及实验为进气道的隐身提供了很好的参考,结合图 1.6 的隐身结构,可考虑根据进气道内部壁面外形(特别是针对 S 弯进气道),

采用内嵌的夹层设计，实现进气道的闭式等离子体隐身，如图 1.8 所示。

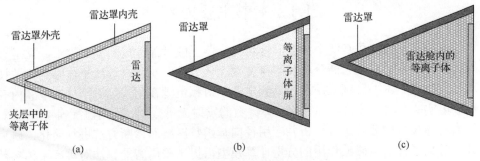

图 1.7　三种典型的雷达罩等离子体隐身方案

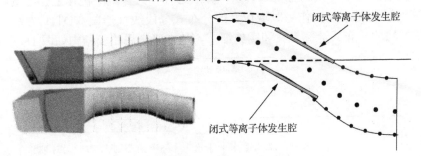

图 1.8　进气道闭式等离子体隐身方案

（2）从应用条件上看，除了放射性同位素方法，其他等离子体产生方法均需要由外部电源提供激发能量，而不同于对地面或海上目标隐身设计，在飞行器上实现等离子体隐身，其发生器的工作环境十分恶劣：飞行器上空间小，不同功能和工作环境的机载设备安装集中，机上电源能够提供的能量非常有限，对于作战飞机，各种设备还必须能够承受飞机做各种机动动作带来的影响。这些对飞行器隐身在等离子体产生方式、发生器材料及放电腔体内部等离子体分布等方面都提出了要求。对于等离子体产生方式，需要利用机上有限的供能产生符合隐身要求的等离子体，这就要求采用的放电形式能耗低、激发容易、放电设备比较简单、易于使用和维护。发生器材料主要包括放电腔材料和电路材料，放电腔材料必须满足透波性、气密性以及压力和温度耐受性的要求，对于图 1.7(a) 和图 1.8 的方案，还要求材料能够设置于飞行器表面；电路材料要求放电电极等使用的材料应适合于机载使用且维护方便，同时具有一定的抗烧蚀能力。放电腔体内部等离子体分布的要求主要立足于等离子体参数分布对于其吸波效果的重要影响，且由于等离子体对电磁波的吸收存在截止频率，对等离子体参数进行调节的依据是对其的准确诊断，而在飞行器局部应用等离子体隐身技术，其放电过程迅速、参与的物化反应复杂且放电空间狭窄，对等离子体参数的测试诊断提出了较高要求。

1.4 本书主要内容

本书从实验和仿真两个角度，针对飞行器强散射部件局部隐身需求，立足于等离子体产生、参数诊断分析和隐身参数优化方法，对闭式等离子体隐身相关技术开展研究。本书分别采用高压高频电源和射频电源在闭式等离子体放电腔内开展放电实验，测量腔体内部等离子体参数的发射光谱数据，采用碰撞-辐射模型对等离子体参数的分布进行分析并应用径向基函数网络对诊断方法进行简化，研究计算等离子体对电磁波作用的分层计算模型，提出采用智能算法对等离子体参数进行优化的思路，并采用拉格朗日遗传算法进行相关参数的优化验证，最后研究用于等离子体对电磁波作用时域仿真的分布式分段线性递归 FDTD 方法，设计FDTD 方法的分布式计算方案和实施细节。基本研究思路及结构如图 1.9 所示。

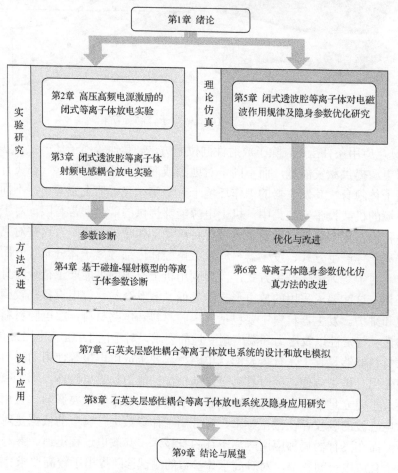

图 1.9 研究思路及总体结构示意图

本书的主要工作和各章内容安排如下所示。

第 1 章为绪论。该章介绍本书相关研究的背景和意义，总结等离子体隐身技术、等离子体发生参数与诊断技术以及等离子体隐身仿真计算方面的发展现状，介绍闭式等离子体隐身的基本要求和概念，列出本书的章节结构和主要研究内容。

第 2 章介绍高压高频电源激励的闭式等离子体放电实验。该章分别采用毫秒、微秒和纳秒脉冲电源，在 $8cm \times 8cm \times 2cm$ 和 $30cm \times 30cm \times 2cm$ 两个规格的封闭式放电腔内进行了放电实验；通过测量等离子体的发射光谱数据分析腔体内的等离子体参数分布，基于流体模型对放电过程进行仿真模拟。

第 3 章介绍闭式透波腔等离子体射频电感耦合放电实验。该章采用螺旋射频天线在闭式腔体内开展射频电感耦合等离子体放电实验，通过测量其发射光谱数据分析不同尺寸腔体在不同放电电压下等离子体参数的分布规律；利用多物理场耦合计算软件 COMSOL Multiphysics 对射频电感耦合放电过程进行仿真模拟，并将等离子体参数光谱诊断结果和仿真结果进行比较。

第 4 章介绍基于碰撞-辐射模型的等离子体参数诊断。该章将碰撞-辐射模型用于封闭腔体内中低气压下的等离子体参数诊断；运用模型对等离子体放电实验光谱数据进行分析；提出运用径向基函数网络简化碰撞-辐射模型等离子体参数诊断的方法；研究将遗传算法用于模型诊断以提高诊断效率的方法。

第 5 章介绍闭式透波腔等离子体对电磁波作用规律及隐身参数优化研究。该章推导等离子体对电磁波的分层计算模型；分析典型非均匀分布情况下等离子体对电磁波的影响规律，并将其与实验诊断的等离子体分布情形下的影响进行比较；为达到等离子体的最优吸波效果，研究应用扩展拉格朗日遗传算法对等离子体参数进行优化计算的方法；最后分析雷达波反射率对等离子体参数的敏感性。

第 6 章介绍等离子体隐身参数优化仿真方法的改进。该章对等离子体参数优化算法进行改进，通过引入免疫机制和动态更新机制，提高算法全局寻优性能和收敛速度；提出遗传算法的区间数优化方法，解决非精确等离子体参数控制情形下的优化问题；使用 PLRC-FDTD 方法研究等离子体对电磁波的作用，并设计分布式的 FDTD 计算组织结构及仿真实施细节。

第 7、8 章针对降低飞行器雷达罩散射特征的需求，设计可与雷达罩实现共形的石英夹层感性耦合等离子体发生器，通过建立改进的流体模型和采用实验诊断的方法研究不同放电条件下感性耦合等离子体参数分布，在此基础上建立 ZT-FDTD 模型，研究电磁波在石英夹层感性耦合等离子体中的传播特性并计算其反射率，同时开展反射率测量实验，以实验手段研究石英夹层感性耦合等离子体的散射特性。

第 9 章为结论与展望，对全书研究内容和创新点进行总结，并对未来工作进行展望。

第2章　高压高频电源激励的闭式等离子体放电实验

　　闭式等离子体发生器是实现闭式等离子体隐身技术应用的核心，传统的等离子体隐身相关实验主要是在真空舱内产生等离子体。本章立足于高压高频电源激励的放电方式，采用透明材质设计研制独立的中低气压下的闭式等离子体发生装置，开展放电实验，并通过测量发射光谱数据，对放电腔内的等离子体参数分布进行分析。

2.1　引　　言

　　对于飞行器的等离子体隐身，存在着在低空开放环境下不易产生和维持一定密度的等离子体等问题。等离子体隐身技术运用的特殊环境，对等离子体发生器提出了特别的要求。为了降低放电难度、减小发生器功耗，同时维持等离子体在一定密度量级，闭式等离子体发生器是当前等离子体隐身技术在飞行器上进行应用最为现实的方案。由于雷达罩本身具有的空腔结构和材料的透波性质，针对雷达罩采用的闭式等离子体隐身得到了较多的关注，其他对于等离子体隐身的研究更多的是在真空舱环境下对等离子体的产生和效果进行实验。本章将立足于研制独立于真空舱环境的闭式等离子体发生器，开展放电实验并测试放电腔内的等离子体分布情况。

　　采用高压高频电源激励的双电极产生等离子体是最常用的一种等离子体激发方案，其由于放电迅速、能量效率较高同时使用方便、设备组织简单，已广泛应用于环境处理、助燃激励、气动激励等领域。因为机载使用要求等离子体发生器结构简单、易于维护，本章将探索高压高频电源激励方式在闭式腔体内的使用问题，针对不同尺寸的闭式腔体，分别使用长间隙的介质阻挡放电方式和辉光放电方式进行等离子体放电实验，并测量其发射光谱数据以进行等离子体参数的诊断。

2.2　小型闭式腔体等离子体放电实验

2.2.1　闭式放电腔设计

　　本节中发生器密闭腔体主体是一个长 10cm、宽 10cm、高 4cm 的玻璃制长方体腔，腔壁的玻璃厚度为 1cm，其中内部腔体尺寸为 8cm×8cm×2cm。在腔室两侧设置进出气口并安装外径为 15.8mm 的高硼硅玻璃管用于安装 KF16 规管接头。进出气口位置错开分布以保证在腔体内通入工质气体时，可以使气体分布相对均匀。放电电极是尺寸为 95mm×20mm×1.5mm 的铜电极，其固定于密闭腔体两侧。

2.2.2 实验安排

针对飞行器局部隐身需求，闭式等离子体发生器应在其腔体内部产生一定电子密度的平板状等离子体。为简化机载使用，管路及电路连接应尽量简洁，图 2.1 为等离子体发生器及实验连接示意图。实验时腔体一端通入高纯氩气，另一端用真空泵持续抽气。实验采用的电源为微秒脉冲等离子体电源，电压为 0~20kV，脉宽为 8~20μs，最高频率为 30kHz。实验主要对等离子体的放电参数和发射光谱进行测量。放电电压通过高压探头 Tektronix P6015A 测量；放电电流通过 TCP312+TCPA300 电流探针组合获得；电压和电流信号由 DP04104 数字荧光示波器记录并存储；等离子体放电产生的光经由光纤引入光谱仪 Avantes AvaSpec-USB2，由与其连接的计算机控制、采集并进行数据的存储。

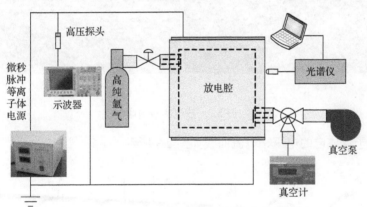

图 2.1 等离子体发生器及实验连接示意图

2.2.3 放电参数测量

在腔体内部通入氩气进行实验，腔体内气压约为 0.76Torr，设定电源频率为 7kHz，峰-峰值电压 V_{p-p}=2.80kV 时氩原子激发电离，随着电压增强，发射谱线强度也逐渐增强，放电实验图像(拍摄参数：光圈 5.6；曝光时间 1.3s；ISO400)如图 2.2 所示。

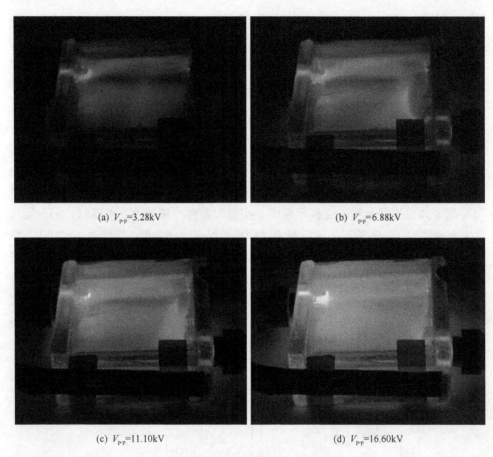

(a) $V_{p\text{-}p}$=3.28kV　　　　　　　　　　　　　(b) $V_{p\text{-}p}$=6.88kV

(c) $V_{p\text{-}p}$=11.10kV　　　　　　　　　　　　(d) $V_{p\text{-}p}$=16.60kV

图 2.2　放电实验图像

等离子体放电的电压、电流曲线如图 2.3 所示。

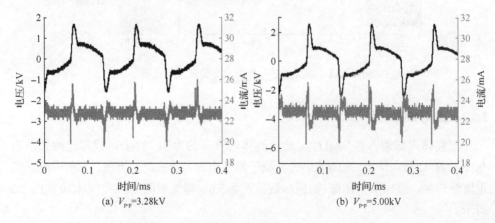

(a) $V_{p\text{-}p}$=3.28kV　　　　　　　　　　　　　(b) $V_{p\text{-}p}$=5.00kV

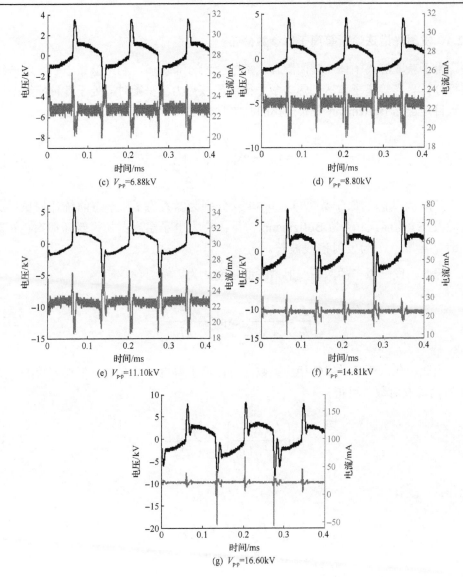

图 2.3　等离子体放电的电压、电流曲线

　　通过放电特性曲线可以看到，本节采用的长间隙双层介质阻挡放电主要是在电压的上升沿和下降沿产生脉冲放电，放电持续时间约为 10μs。放电电流随着电压的增大呈线性增加的趋势。在激励电压较大时，由于电极距离较远且分隔介质较厚，电流幅值依然较小，保持在几十毫安的量级，这说明采用这样的放电方案，在有限的电源条件下，电源能量可能不足以产生隐身需要的等离子体，致使等离子体参数的范围受到较大的限制。

2.2.4　发射光谱法诊断等离子体参数分布

为了获取等离子体在密闭腔体内部的空间分布规律，利用氩原子的发射谱线进行分析。当等离子体达到热力学平衡或局域热力学平衡时，处于各种能级的原子数目是遵循 Boltzmann 分布规律的。此时光谱线强度可表示为

$$I_i = n_0 \frac{g_i}{g_0} \exp\left(-\frac{\varepsilon_i}{kT_e}\right) \frac{A_i h}{\lambda_i} \tag{2.1}$$

式中，n_0 为基态的原子数密度；g_i 和 g_0 分别为激发态 i 和基态的统计权重；ε_i 为激发态 i 的能级；k 为 Boltzmann 常量；T_e 为电子温度；A_i 为跃迁概率；h 为普朗克常量；λ_i 为发射谱线波长。

因此，同一原子的两条发射谱线的强度比为

$$\frac{I_i}{I_j} = \frac{A_i g_i \lambda_j}{A_j g_j \lambda_i} \exp\left(-\frac{\varepsilon_i - \varepsilon_j}{kT_e}\right) \tag{2.2}$$

由此，代入两条谱线的相应参数，可计算求得电子温度 T_e，但误差较大。式 (2.2) 两端取对数，可得

$$\ln\left(\frac{I_i \lambda_i A_j g_j}{I_j \lambda_j A_i g_i}\right) = -\frac{\varepsilon_i - \varepsilon_j}{kT_e} \tag{2.3}$$

记作：

$$\ln\left(\frac{I\lambda}{Ag}\right) = -\frac{\varepsilon}{kT_e} + C \tag{2.4}$$

以 $\ln\left(\dfrac{I\lambda}{Ag}\right)$ 为纵坐标，ε 为横坐标作 Boltzmann 曲线，对曲线进行线性拟合，则拟合曲线的斜率为 $-\dfrac{1}{kT_e}$，即可求得电子温度 T_e。

在实验中移动光纤探头，在腔体 x 轴向和 y 轴向分别选取 0.5cm、2cm、4cm、6cm、7.5cm 各五个位置测量等离子体发射光谱。图 2.4 为光谱测量位置示意图。

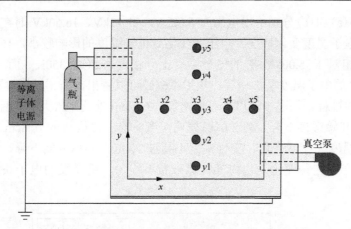

图 2.4　光谱测量位置示意图

为了计算等离子体电子温度，从光谱中选择了 6 条氩原子 I 谱线，分别是 675.284nm、687.129nm、703.025nm、714.704nm、727.293nm 和 750.387nm，计算所需的氩原子 I 谱线的光谱学参数如表 2.1 所示。

表 2.1　氩原子 I 谱线的光谱学参数

λ/nm	A/s^{-1}	ε/eV	g
675.284	1.93×10^6	14.74	5
687.129	2.78×10^6	14.71	3
703.025	2.67×10^6	14.84	5
714.704	6.25×10^6	13.28	3
727.293	1.83×10^6	13.33	3
750.387	4.45×10^7	13.48	1

图 2.5 给出了 $V_{\text{p-p}}$=11.13kV 时 $x3$ 点光谱数据中计算获得的 Boltzmann 曲线。

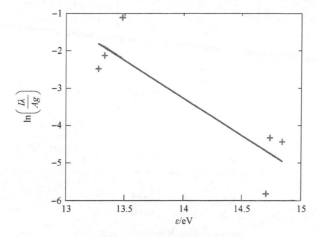

图 2.5　$x3$ 点的 Boltzmann 曲线

图 2.6 (a) 和 (b) 分别给出电压为 5.00kV、11.13kV、16.60kV 时在 x 轴向和 y 轴向上的电子温度变化情况。电压的变化对电子温度的影响较小，16.60kV 时的电子温度相对于 5.00kV 时的电子温度上升幅度不超过 350K，而 16.60kV 和 11.13kV 时的电子温度基本相等。从图 2.6 (a) 可以看出，当 x 轴向位置从 0cm 到 8cm 移动的过程中，电子温度先迅速增加，在 2cm 处达到最大，然后迅速下降，从 4cm 处开始缓慢下降。图 2.6 (b) 表明，当 y 轴位置从 0cm 到 8cm 移动的过程中，电子温度先缓慢变化，变化幅度不超过 100K，然后开始下降，最后逐渐趋于平缓。产生这种变化是由内部气体分布不均匀，受激发的电子获得的能量不同造成的。

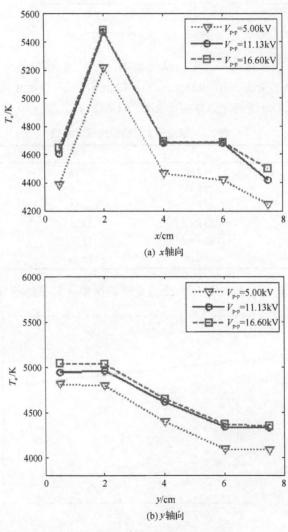

(a) x 轴向

(b) y 轴向

图 2.6 电子温度随位置变化趋势

在有效电子温度变化不大时，750.387nm 谱线强度和氩原子密度的比值与电子密度近似呈正比关系，因而可以采用 750.387nm 谱线强度来分析电子密度的变化。图 2.7(a) 和 (b) 分别给出了电压为 5.00kV、11.13kV、16.60kV 时氩原子 750.387nm 谱线强度在 x 轴向和 y 轴向上的变化情况。可以看到，相对于电压对电子温度的影响，其对谱线强度的影响更为剧烈，随着电压的增加，750.387nm 谱线强度明显增强。由图 2.7(a) 可知，当 x 轴位置从 0cm 到 8cm 移动的过程中，谱线强度逐渐增大；由图 2.7(b) 可知，y 轴位置从 0cm 移动到 8cm 的过程中，谱线强度也缓慢增大，变化幅度明显小于 x 轴向上的变化。

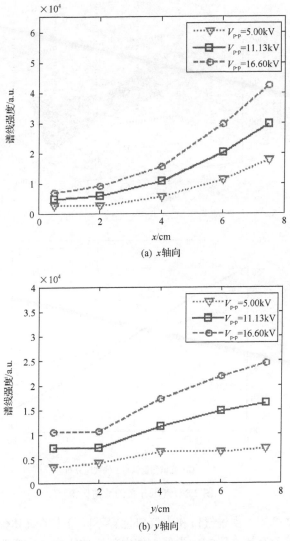

(a) x 轴向

(b) y 轴向

图 2.7　750.387nm 谱线强度变化

2.2.5　参数分布差异影响分析

　　由于放电腔为容积较小的密闭腔，难以对其内部的气压分布进行准确的实验测量，在此利用 ANSYS CFX 针对图 2.4 的腔体结构和气体进出条件，对腔体内气压分布进行数值仿真，结果如图 2.8 所示。对比图 2.7 和图 2.8(b)可以看出，在 x 轴向和 y 轴向上的光谱强度分布和气压分布总体上呈反比关系，因而可以判断腔体内部两个轴向上的电子密度变化主要是内部气压不同，导致电子与其他粒子发生碰撞的概率不同，从而影响到密度分布。

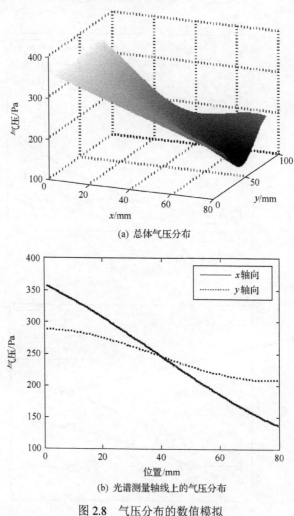

(a) 总体气压分布

(b) 光谱测量轴线上的气压分布

图 2.8　气压分布的数值模拟

　　由实验数据可知，由进气口和出气口位置不同带来的气体分布差异，对腔体内的等离子体参数有较大影响。为使腔体内部气体压力分布更为均匀，可以考虑以下三种改进方案：

(1) 使进出气口沿腔体中轴分布，但由于流体特性，放电腔氩原子分布可能更为不均；

(2) 采用更大的进出气口设计，这对于基于实验室的放电实验是可行的，但不适于针对隐身的闭式等离子体腔体；

(3) 加入导流栅格，但这在电极之间引入了额外的介质，不可避免会对放电产生影响。

2.2.6　结论

基于闭式等离子体隐身的理念，本节设计一种封闭式的低气压等离子体发生器，使用微秒脉冲等离子体电源开展放电实验。利用发射光谱法，测量密闭腔体内部不同位置的氩原子谱线数据，并据此分析等离子体参数的分布规律。分析实验结果可以得到如下结论：

(1) 相对于电压对电子温度的影响，其对电子密度影响更为剧烈，随着电压的增加，气体放电时的特征谱线强度明显增强；

(2) 无论从 x 轴还是 y 轴出发，其电子温度总体上呈现下降趋势，而电子密度逐渐增加，而且两个参数的变化在 x 轴向上都表现得更为强烈；

(3) 由于在 x 轴向分别布置有氩气进气口及真空泵，会产生更大的气体分布梯度，这对实验结果产生更大的影响；

(4) 考虑到等离子体参数分布对隐身效果的影响，在闭式等离子体隐身技术实际应用的过程中，对改进腔体内部气压分布的方法展开进一步的研究，将有利于优化等离子体参数分布，从而提升隐身性能。

2.3　数　值　模　拟

等离子体参与的物化反应过程繁多，气体电离过程迅速，有限的诊断手段使得通过实验测定具体的放电过程十分困难，而数值仿真方法使得获取这些不能测量的信息成为可能。

2.3.1　计算模型

等离子体放电过程主要包括电子碰撞激发过程和活性基团的输运与反应。为对闭式腔体内等离子体放电进行研究，需建立相关反应模型，并代入主要反应过程及反应速率系数等参数。

电子密度可通过式 (2.5) 求解：

$$\frac{\partial n_{\mathrm{e}}}{\partial t} + \nabla \cdot \varGamma_{\mathrm{e}} = R_{\mathrm{e}} - (u \cdot \nabla) n_{\mathrm{e}} \tag{2.5}$$

$$\Gamma_e = -(\mu_e \cdot E)n_e - D_e \cdot \nabla n_e \tag{2.6}$$

式中，R_e $(1/(m^3 \cdot s))$ 为电子反应速率；μ_e $(m^2/(V \cdot s))$ 为电子迁移率；D_e (m^2/s) 为电子扩散系数；$u(m/s)$ 为中性流体速度；Γ_e 为电子通量。

电子能量密度与其他参数的关系为

$$\frac{\partial n_\varepsilon}{\partial t} + \nabla \cdot \Gamma_\varepsilon + E \cdot \Gamma_e = R_\varepsilon - (u \cdot \nabla)n_\varepsilon \tag{2.7}$$

$$\Gamma_\varepsilon = -(\mu_\varepsilon \cdot E)n_\varepsilon - D_\varepsilon \cdot \nabla n_\varepsilon \tag{2.8}$$

式中，n_ε (V/m^3) 为电子能量密度；R_ε $(V/(m^3 \cdot s))$ 为非弹性碰撞情形下的电子能量损耗或增益；μ_ε $(m^2/(V \cdot s))$ 为电子能量迁移率；D_ε (m^2/s) 为电子能量扩散系数。

$$\begin{cases} D_e = \mu_e T_e \\ D_\varepsilon = \mu_\varepsilon T_e \\ \mu_\varepsilon = (5/3)\mu_e \\ T_e = (2/3)\overline{\varepsilon} \end{cases} \tag{2.9}$$

式中，$\overline{\varepsilon}$ 为平均电子能量，可通过式(2.10)计算：

$$\overline{\varepsilon} = \frac{n_\varepsilon}{n_e} \tag{2.10}$$

在实际计算过程中，等离子体参数改变可能导致电子密度产生较大的变化，达到数个数量级。同时，电子和离子在迁移率和扩散率之间的巨大差异，导致在等离子体鞘层中出现空间电荷分离现象，从而产生了使电子能量增加的较大电场。在数值仿真的过程中，为了简化处理，对式(2.10)进行对数处理，并令 $N_e = \ln n_e$，则

$$e^{N_e}\frac{\partial N_e}{\partial t} + \nabla \cdot [-(\mu_e \cdot E)e^{N_e} - e^{N_e}D_e \cdot \nabla N_e] = R_e - e^{N_e}(u \cdot \nabla)N_e \tag{2.11}$$

即

$$n_e \frac{\partial N_e}{\partial t} + \nabla \cdot [-(\mu_e \cdot E)n_e - n_e D_e \cdot \nabla N_e] = R_e - n_e(u \cdot \nabla)N_e \tag{2.12}$$

同样，令 $E_n = \ln n_\varepsilon$，则有

$$n_\varepsilon \frac{\partial E_n}{\partial t} + \nabla \cdot [-(\mu_\varepsilon \cdot E)n_\varepsilon - n_\varepsilon D_\varepsilon \cdot \nabla E_n] + E \cdot \Gamma_e = R_\varepsilon - n_\varepsilon(u \cdot \nabla)E_n \tag{2.13}$$

采用对数处理后方程的解算将能保持更集中的求解域。

设有 N_{m_e} 项反应使电子密度发生改变，则电子反应速率 R_e 为

$$R_e = \sum_{j=1}^{N_{m_e}} x_j k_j N_n n_e \tag{2.14}$$

式中，x_j 为反应 j 的目标粒子的摩尔质量分数；k_j 为反应 j 的速率系数；N_n 为中性粒子密度；R_e 也可用汤森系数 (Townsend coefficient) 来表示：

$$R_e = \sum_{j=1}^{N_{m_e}} x_j \alpha_j N_n \mid \Gamma_e \mid \tag{2.15}$$

其中，α_j 为反应 j 的汤森系数。

设有 N_{m_i} 种电子和中性粒子的非弹性碰撞，则电子能量损失通过综合所有这些碰撞中的能量损失来计算：

$$R_\varepsilon = \sum_{j=1}^{N_{m_i}} x_j k_j N_n n_e \Delta \varepsilon_j \tag{2.16}$$

式中，$\Delta \varepsilon_j$ 为反应 j 的能量损失。同样，R_ε 可用汤森系数来表示：

$$R_\varepsilon = \sum_{j=1}^{N_{m_i}} x_j \alpha_j N_n \mid \Gamma_e \mid \Delta \varepsilon_j \tag{2.17}$$

由于 $N_{m_i} \gg N_{m_e}$，计算中非弹性碰撞的影响远大于其他电子反应的影响。

腔体壁面也会对放电过程产生影响，作用包括：①电子作用于壁面时产生损失；②激发态粒子作用于壁面产生二次发射以及热电子发射。则壁面上的电子通量和能量密度可通过式 (2.18) 和式 (2.19) 求取：

$$-n \cdot \Gamma_e = \frac{1-R}{1+R}\left(\frac{1}{2}v_{e,th}n_e\right) - \frac{2}{1+R}(1-a)\left[\sum_p \gamma_p (\Gamma_p \cdot n) + \Gamma_t \cdot n\right] \tag{2.18}$$

$$-n \cdot \Gamma_\varepsilon = \frac{1-R}{1+R}\left(\frac{5}{6}v_{e,th}n_\varepsilon\right) - \frac{2}{1+R}(1-a)\left[\sum_p \gamma_p \bar{\varepsilon}_p (\Gamma_p \cdot n) + \bar{\varepsilon}_t \Gamma_t \cdot n\right] \tag{2.19}$$

式中，R 为反射率；γ_p 为粒子 p 的二次电子发射系数；Γ_p 为粒子 p 的离子通量；Γ_t 为热发射通量；$\bar{\varepsilon}_p$ 为粒子 p 的平均电子发射能量；$\bar{\varepsilon}_t$ 为热电子发射的平均能量；$v_{e,th}$ 为电子热速度：

$$v_{e,th} = \sqrt{\frac{8k_b T_e}{\pi m_e}} \tag{2.20}$$

其中，k_b 为 Boltzmann 常量。

对于仿真中的绝缘边界，电子及能量通量置 0：

$$\begin{cases} n \cdot \Gamma_e = 0 \\ n \cdot \Gamma_\varepsilon = 0 \end{cases} \tag{2.21}$$

以氩气为工质气体，根据相关文献对反应过程进行了简化，涉及的主要反应过程如表 2.2 所示。

表 2.2　氩气的主要反应过程

反应过程	反应系数/(cm³/s)
$e^- + Ar \longleftrightarrow 2e^- + Ar^+$	$4.0 \times 10^{-12} T_e^{0.5} \exp(-15.8/T_e)$
$e^- + Ar \longleftrightarrow e^- + Ar^*$	$1.0 \times 10^{-11} T_e^{0.75} \exp(-11.6/T_e)$
$e^- + Ar^* \longleftrightarrow 2e^- + Ar^+$	$6.8 \times 10^{-9} T_e^{0.67}$
$e^- + Ar_2^+ \longleftrightarrow 2Ar^*$	$5.4 \times 10^{-8} T_e^{-0.66}$
$2e^- + Ar^+ \longleftrightarrow e^- + Ar^*$	$5.0 \times 10^{-27} T_e^{-4.5}$
$Ar^* + Ar^* \longleftrightarrow e^- + Ar^+ + Ar$	5.0×10^{-10}
$Ar^+ + 2Ar \longleftrightarrow Ar + Ar_2^+$	2.5×10^{-31}

2.3.2　仿真计算模型几何构型

　　仿真模型基本形状参照 2.2.1 节所述的闭式放电腔的长方体结构,忽略两侧的进出气口,以放电腔气路通道所在侧面为仿真平面建立二维模型,即仿真模型尺寸为 4cm×10cm,其中放电面积为 2cm×8cm,如图 2.9 所示,模型中处于下方的电极为接地端。

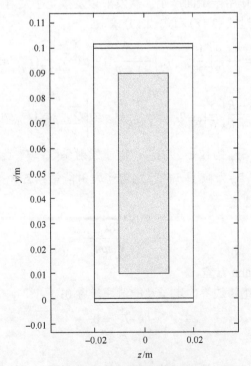

图 2.9　仿真计算模型示意图

2.3.3　仿真参数设置

　　腔体内气体设置为氩气，仿真电源电压为正弦变化，具体仿真参数如表 2.3 所示。

表 2.3　仿真参数设置

参数	符号表示	参数值
峰-峰值电压	$V_{p\text{-}p}$	15kV
激励频率	freq	7000kHz
腔体内气体压力	Pres	100Pa
仿真步长	t_step	0.001ms
仿真时长	t_range	4ms

2.3.4　仿真结果及分析

1. 放电参数

　　图 2.10 为仿真计算得到的电压、电流曲线，等离子体放电实验中采用的激励电源为微秒脉冲电源，其脉宽不超过 20μs，而在仿真实验中设置的电源为正弦波电源，其上升沿和下降沿的宽度达到了几十微秒的量级，这可能导致实验与仿真结果存在一定的差异。除了波形的差异，仿真参数设置与 14.81kV(峰-峰值)放电实验时(电压、电流曲线如图 2.3(f)所示)的参数设置最为接近，可以看出虽然在放电波形上与实验结果存在一定的不同，但两者在放电过程中也表现出一些相似的变化趋势。

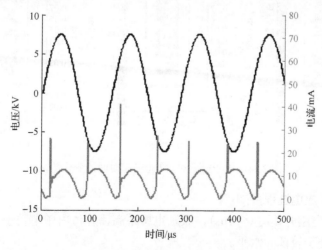

图 2.10　放电参数仿真结果

　　在整个放电过程中，在电压变化的上升沿和下降沿，均出现了放电脉冲，并且放电脉冲出现在上升沿/下降沿将要结束接近其峰值的位置。通过统计 4ms 时间范围内仿真的电流脉冲可知，上升沿的电流脉冲略大于下降沿。同实验结果一样，仿真时的电流脉冲保持在较低的水平，即在几十毫安量级。

2. 等离子体参数

　　通过仿真能够对闭式等离子体放电腔内的放电过程有更好的了解，图 2.11 给出了从仿真实验开始时（$t=1\mu s$）到一个上升沿结束时（$t=100\mu s$）腔体内部电子密度分布的对数 $\lg(n_e)$ 的变化情况，这里 n_e 的单位为 m^{-3}。

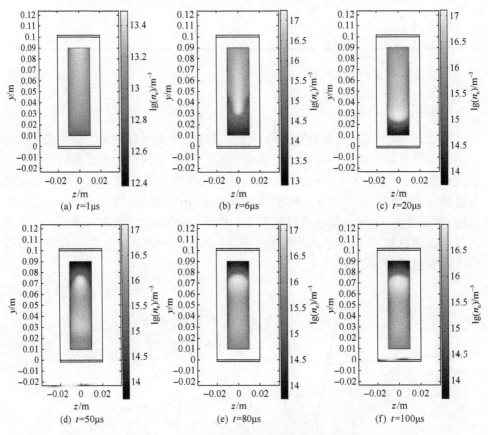

图 2.11　电子密度对数 $\lg(n_e)$ 随时间的变化情况

　　分析仿真放电过程可知：

　　(1) 在放电刚开始时（$t=1\mu s$），激励电压不高，腔体内带电粒子整体分布较为均匀，密度处于较低的水平。

(2)在之后的几微秒中，随着电压的增加，放电腔体内部发生了剧烈的反应变化。由图 2.11(b)可以看到，当 t =6μs 时，气体电离以后在腔体中部靠近接地电极一侧，已经有较高的电子密度，达到 $10^{17}m^{-3}$ 量级。高密度区分布集中，但腔体大部分区域内的电子密度处于较低水平，在 $10^{16}m^{-3}$ 量级以下。

(3)当 t =20μs 时，高密度区迅速扩大，腔体内等离子体分布更加均衡，同时也使内部能量分布更加均匀，电子密度的最大值减小，但整体密度水平有明显提高，除去接地端的低密度区，其他位置电子密度普遍达到 $10^{16}m^{-3}$ 量级。

(4)从图 2.11(d)和(e)可以看出，在之后较长的时间范围内(几十微秒)，放电腔体内的电子密度不再有明显的提升，但其分布发生了较大的变化，当 t=50μs 时接地端已经不再是低密度区域，此时高压电极端的密度处于较低水平。

(5)当 t =100μs 时，电源电压已过其峰值开始减小，电离能量降低，电子密度的分布趋势虽然保持不变，但其密度值已经明显减小，均处于 $10^{17}m^{-3}$ 量级以下。

在整个仿真过程中，等离子体密度即在以上所述(3)～(5)过程往复波动，在一个激励周期的等离子体参数平均分布如图 2.12 所示，除了给出了电子密度的平均分布，图 2.12(b)中也给出了电子温度的平均分布，其中电子温度的单位是电子伏(eV)。

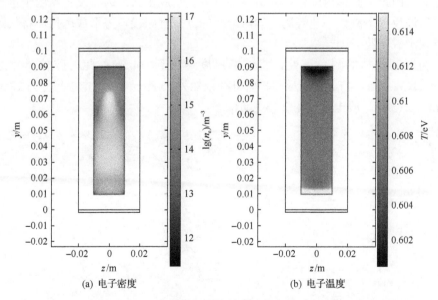

(a) 电子密度　　　　　　　　　(b) 电子温度

图 2.12　一个激励周期的等离子体参数平均分布

在一个激励周期内，等离子体的电子密度分布与图 2.11(d)～(f)的分布形式非常相似，虽然参数覆盖范围更大，但分布更为均匀。沿图 2.12(a)的 y 轴来看，等离子体电子密度的分布呈现一定的梯度变化，但是变化在较大的尺度范围来看并不剧烈，对比 2.2.4 节对等离子体参数分布的分析，可推断其电子密度呈现的梯度分布并不是完全由气压不均引起的。

2.4　大尺寸闭式等离子体放电实验研究

将闭式等离子体发生器应用于飞行器局部隐身时，小尺寸的放电腔体不能完全覆盖强散射部件表面，并且相对于其能够提供的覆盖能力，等离子体放电所需的电路和气路设备带来的空间、重量和能耗负担使其应用于工程实际的可能性大大降低。因而必须研究更大尺寸的闭式等离子体发生器，在本节中考虑将放电腔尺寸增大到 30cm×30cm×2cm，并开展放电实验。

2.4.1　实验安排

通过理论分析和实验尝试发现，如果采用 2.2 节的电极布置方案，难以在放电腔内电离气体，因而必须改变当前的实验设计。考虑将电极置于放电腔内部，用绝缘钉固定于腔体内壁，电极引出部分用真空胶密封。为将发生器用于进一步的电磁波反射率测试，使等离子体对金属的真空管路接口等形成遮挡，将气路接口管置于放电腔一侧。

为保证腔体的耐负压性，将腔壁厚度增大到 14mm，此时腔体尺寸达到 32.8cm×32.8cm×4.8cm，气路接口管外径依然为 15.8mm，放电电极尺寸为 28cm×28cm×0.15cm。放电腔如图 2.13 所示。

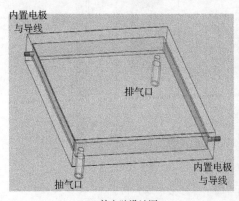

(a) 放电腔设计图

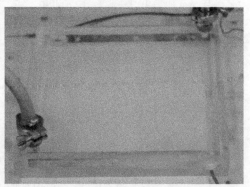

(b) 放电腔及其与真空管的连接

图 2.13　大尺寸的闭式等离子体放电腔

实验装置和测量设备连接与图 2.1 基本一样，将放电腔体替换为如图 2.13 所示的闭式放电腔体。为进行对比，分别采用毫秒脉冲电源和纳秒脉冲电源作为等离子体发生装置的激励电源进行放电实验，放电电源频率均设定为 1kHz。

2.4.2　放电参数测量

1. 毫秒脉冲激励下的放电参数

对于毫秒脉冲电源，分别测量占空比为 99% 和 50% 时的放电参数。

1) 占空比为 99% 时

图 2.14～图 2.17 为占空为比 99% 时放电实验的放电图像和电压、电流曲线。

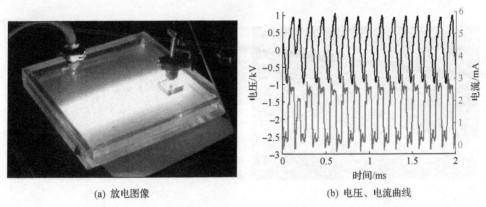

(a) 放电图像 　　　　　　　　　　　　　(b) 电压、电流曲线

图 2.14　占空比为 99%、V_{p-p}=1.835kV 时的放电图像及放电参数

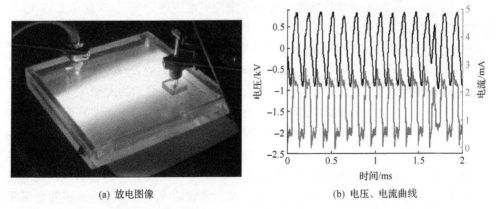

(a) 放电图像 　　　　　　　　　　　　　(b) 电压、电流曲线

图 2.15　占空比为 99%、V_{p-p}=2.038kV 时的放电图像及放电参数

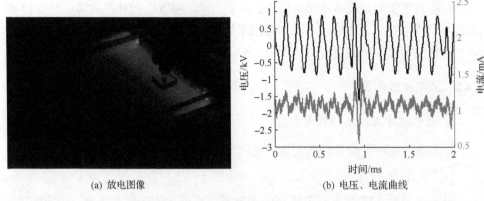

(a) 放电图像 (b) 电压、电流曲线

图 2.16 占空比为 99%、$V_{p\text{-}p}$=2.886kV 时的放电图像及放电参数

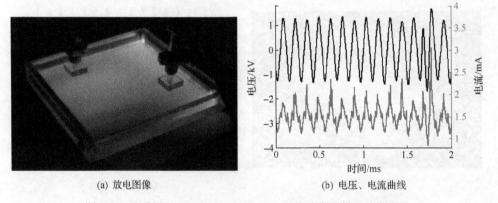

(a) 放电图像 (b) 电压、电流曲线

图 2.17 占空比为 99%、$V_{p\text{-}p}$=3.359kV 时的放电图像及放电参数

图 2.14~图 2.17 的毫秒脉冲电源的设定输出电压逐渐增大。对比图 2.15(b)~图 2.17(b)可以看到，虽然激励电源设定的电压逐渐增大，但从封闭腔体电极间测量的电压值却没有同步提高，而是呈现出先上升，再突降，最后再逐渐上升的过程。电流随电源输出功率的增大而增大，但电流值总体较小，在几毫安量级。对比放电图像，在极间电压出现突降的同时，两个放电电极间出现较大的电晕(图 2.14(a)、图 2.15(a))，表现出流光放电的特点。在电压增大的过程中可以观察到，电晕总是从电极边缘的尖端开始，然后形成电晕通道，但电晕位置并不固定，经测试主要与腔体内的气流相关。电晕的形成主要是电源激励能量的增加使得被激发的电子越来越多，在等离子体密度增大的情况下，其导体性质表现更加明显，在电极间形成稳定的放电通道，这同时也导致了作为负载的等离子体发生器极间电压在电晕形成以后降低的情况。

2) 占空比为 50%时

图 2.18~图 2.21 为占空为比 50%时放电实验的放电图像和电压、电流曲线。

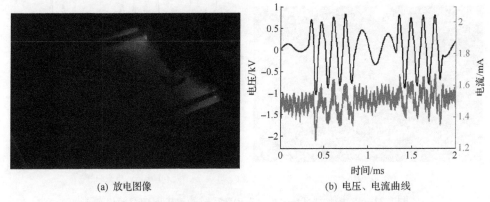

(a) 放电图像　　　　　　　　　(b) 电压、电流曲线

图 2.18　占空比为 50%、V_{p-p}=1.881kV 时的放电图像及放电参数

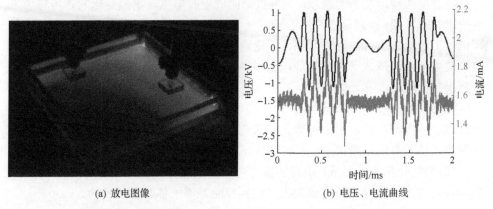

(a) 放电图像　　　　　　　　　(b) 电压、电流曲线

图 2.19　占空比为 50%、V_{p-p}=2.232kV 时的放电图像及放电参数

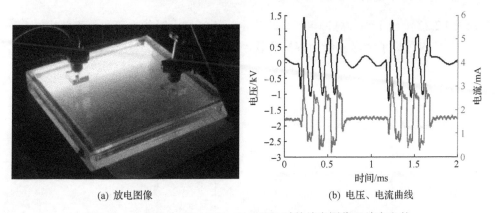

(a) 放电图像　　　　　　　　　(b) 电压、电流曲线

图 2.20　占空比为 50%、V_{p-p}=2.651kV 时的放电图像及放电参数

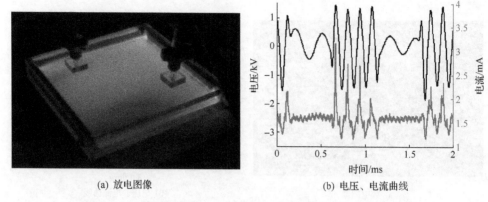

(a) 放电图像

(b) 电压、电流曲线

图 2.21　占空比为 50%、V_{p-p}=3.305kV 时的放电图像及放电参数

随着电源输出功率的增加，50%占空比放电时电压、电流变化的趋势与 99%占空比时基本相同，只是占空比的减小使电晕出现时的电压值有所增加(图 2.20)，即推迟了电晕的出现。可以看到，无论选用哪种占空比的放电，均在 3.3kV 左右出现放电电晕，形成了稳定的放电通道，这对于闭式等离子体在飞行器隐身中进行应用是不利的，其原因如下：

(1)激励能量不能均匀地使腔体内的气体放电，使得等离子体难以均匀地分布于放电腔体内部，从而可能导致闭式等离子体不能完整地覆盖散射部件，严重影响等离子体隐身的效果；

(2)为防止电晕的形成，电源的输出电压被限制在一个比较小的范围，针对目标威胁，将难以通过调节电源输出以达到控制等离子体参数的目的。

2. 纳秒脉冲激励下的放电参数

图 2.22 给出了纳秒脉冲电源的输出电压逐渐增大时的电压、电流曲线。由于闭式腔体内等离子体激励器为容性负载，实验测量中电压上升时间为百纳秒量级。

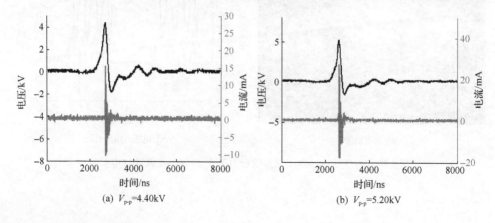

(a) V_{p-p}=4.40kV

(b) V_{p-p}=5.20kV

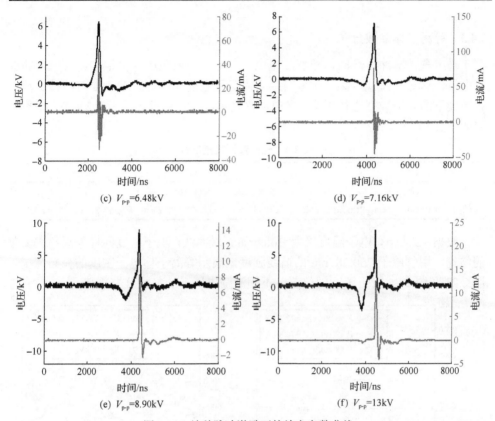

(c) $V_{p\text{-}p}=6.48\text{kV}$ (d) $V_{p\text{-}p}=7.16\text{kV}$

(e) $V_{p\text{-}p}=8.90\text{kV}$ (f) $V_{p\text{-}p}=13\text{kV}$

图 2.22　纳秒脉冲激励下的放电参数曲线

由图 2.22 可以看到，纳秒脉冲电源输出为双极性脉冲，在电压的上升沿和下降沿各发生一次明显的放电。闭式腔体内两个电极间的电压、电流随着激励电源的输出功率增大，与采用毫秒脉冲电源时呈现相同的变化趋势：在输出电压较低时，极间的电压、电流同步提高(图 2.22(a)～(d))，但当电源的输出电压达到一个临界值时(这里约为 8kV)，在电流迅速增大的同时，电压不再升高，甚至有下降的趋势，此时纳秒脉冲电源激励下的放电强度很大，峰值电流超过 10mA(图 2.22(e)和(f))。分析其变化趋势可知，放电腔体内的等离子体在纳秒脉冲电源输出电压增大的过程中经历了从正常辉光到异常辉光放电的过程，随着电压的增大有转变为弧光放电的趋势。

采用纳秒脉冲电源进行放电的过程中，在极间电压极值已远超毫秒脉冲电源的电压情况下，电极间并没有形成如图 2.15 和图 2.20 中出现的稳定放电通道，气体在整个腔体范围内均匀地激发发光，证明在纳秒脉冲电源激励时，等离子体具有较好的均布性，同时相对于毫秒脉冲，其输入电压的范围大大扩展，有利于等离子体参数的调节。这些差异正好克服了 2.4.2 节第 1 部分中毫秒脉冲激励放电在等离子体隐身技术应用时存在的问题，因而采用纳秒脉冲电源在闭式腔体内放电可极大地提高等离子体隐身技术工程应用的可行性。

2.4.3　等离子体参数分布

采用毫秒脉冲电源时，随着放电电压的增大，放电腔体内很容易形成大的放电电晕，这对于闭式等离子体隐身的要求是不利的，因而本节主要对纳秒脉冲电源激励下的光谱数据进行采集。光谱数据采集位置坐标设定参考 2.2.4 节，采集位置如表 2.4 所示。

表 2.4　光谱数据采集位置

轴向	定位	采集位置
x 轴向	y=15cm	5cm、10cm、15cm、20cm、25cm
y 轴向	x=15cm	1cm、2cm、3cm、4cm、7cm、10cm、15cm、20cm、23cm、26cm、27cm、28cm、29cm

根据 2.2.4 节，电子温度采用 Boltzmann 斜率法，电子密度同样采用相关文献的结论，用氩原子 750.387nm 的谱线强度来表示等离子体电子密度的分布情况。图 2.23 和图 2.24 给出了不同位置、不同激励电压下的参数分布规律。

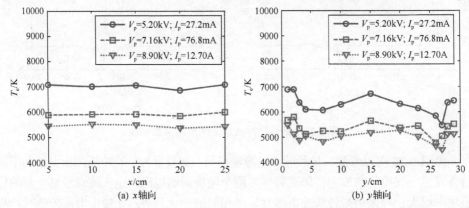

图 2.23　Boltzmann 斜率法计算得到的电子温度分布

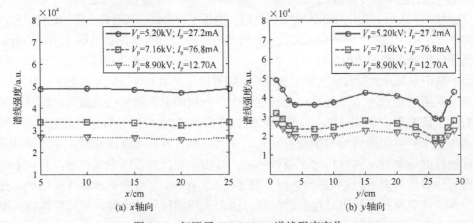

图 2.24　氩原子 750.387nm 谱线强度变化

由图 2.24(b)中 y 轴向的谱线强度分布来看，闭式腔体内的纳秒脉冲放电等离子体也呈现明显的辉光放电特征。本节实验所使用的辉光放电方式和 2.2 节使用的多层介质阻挡放电方式，在等离子体参数的分布规律上有着较大的不同。从图 2.6 和图 2.7 可以看到，电子温度和电子密度的分布趋势完全不同，较大程度上出现了电子温度增加而电子密度降低的情况，在这种放电模式下电子能量与气体电离程度不直接相关，输入的激励能量被电子获得以后没能用于进一步的激发过程，过高能量的电子激发气体分子的概率较小，容易出现电子温度较高而电子密度较低的情况。而在图 2.23 和图 2.24 的实验结果中，电子温度和电子密度在变化趋势上呈现出一定的关联关系。此外，对比两个腔体内 x 轴向的参数分布可以发现，在大尺寸腔体内放电的等离子体参数分布均匀性明显优于小尺寸的多层介质阻挡放电。这说明在更大的空间内，真空设备的使用使产生的气压梯度对等离子体参数分布的影响被稀释，这使得等离子体能够较为均匀地分布于放电腔体内部，这对于等离子体隐身技术的使用是有利的。

2.4.4　结论

为使闭式等离子体发生器能够覆盖更大的范围，本节在 2.2 节小型闭式腔体等离子体放电实验的基础上，研制了放电尺寸为 30cm×30cm×2cm 的闭式放电腔体。为降低激发难度，将电极置于腔体内部两侧壁面上，通过测量等离子体发射光谱比较毫秒脉冲电源与纳秒脉冲电源在放电过程中的区别。综合本节的研究可以得到以下结论：

(1)将电极置于腔体内部以后，尽管电极间的距离增加，但电离的难度却大幅降低，电离效率更高。

(2)采用毫秒脉冲激励时，当电源输出电压在一个较低水平时，放电腔中即出现电晕，形成稳定的能量通道，限制了等离子体在整个腔体中的均匀分布，即使在加大输入功率时可以更多地提升电晕附近的电离度。采用纳秒脉冲激励能够很好地解决这些问题，因而短脉宽的激励电源更能符合隐身对等离子体更大覆盖面的要求。

(3)更大尺寸的放电腔体能够很好地避免因真空设备产生的气压梯度的影响，使内部的等离子体参数分布更加均匀。

综上所述，纳秒脉冲激励的放电方式是飞行器局部隐身较为理想的等离子体产生方式。需要指出的是，裸露的放电电极、对电源设备的较高要求及高电压可能对其他放电设备产生的负面影响，均是这种放电方式在等离子体隐身应用中需要面对的问题。

2.5 本章小结

本章立足于等离子体在飞行器局部隐身中应用的目的，从仿真和实验的角度研究了高压高频电源激励双平板电极的放电方案在闭式放电腔体中的使用，研制了独立于真空舱环境的低气压封闭式放电腔用于开展等离子体放电实验。针对放电尺寸为 8cm×8cm×2cm 的腔体，采用多层介质阻挡放电方法，使用微秒脉冲电源激励产生等离子体。通过对发射光谱的测量和 Boltzmann 斜率法计算，得到腔体内等离子体参数的分布。通过对放电腔内部气压的仿真分析可知等离子体参数受真空设备产生的气压梯度影响较大。同时利用流体模型对放电实验进行了仿真模拟，从时间尺度上看，高压高频电源激励的放电方式符合飞行器隐身对等离子体产生的要求。将电极置于腔体放电尺寸为 30cm×30cm×2cm 的闭式放电腔体内部两侧壁面上，分别采用毫秒脉冲电源和纳秒脉冲电源，使用辉光放电的方式进行了实验。经实验验证大尺寸的腔体能够解决气压梯度对等离子体参数分布影响的问题，此外相对于更长脉宽的激励电源，采用纳秒脉冲电源，等离子体分布的均匀性有明显的提升，同时更利于腔体内的等离子体参数的调节。针对本章使用的放电方案在应用时可能产生的裸露电极、高电压屏蔽问题，第 3 章将基于本章研制使用的放电腔体，探索另一种等离子体隐身可能使用的放电方式——射频电感耦合放电。

第3章 闭式透波腔等离子体射频电感耦合放电实验

在放电腔体内部利用有限的放电能量产生分布均匀、稳定并符合密度要求的薄层等离子体是闭式等离子体隐身技术应用的关键，在产生等离子体的同时需尽量对金属电极进行遮挡防止其对隐身效果产生影响。本章将平面螺旋线圈置于放电腔体一侧作为射频天线产生等离子体，分析不同规格放电腔体内的等离子体分布规律，并对放电过程进行数值仿真。

3.1 引   言

飞行器局部的等离子体隐身技术应用的关键在于能够在有限空间内，在中低气压环境中，以较低的功耗产生一定密度的等离子体。通过合理的设计，射频电感耦合(ICP)将能够较好地满足这些要求。ICP通过将射频天线绕制于放电腔体上或平铺于放电腔体一侧来产生等离子体。当射频电源将交变电流加载于射频天线上时，放电腔体内部就产生了交变的电磁场，从而使内部气体电离产生等离子体。不同于介质阻挡放电、容性耦合放电、辉光/弧光放电等等离子体产生方式，射频电感耦合不需要接触式的电极，因而电极不会在放电过程中对等离子体本身及其内部反应产生影响。

3.2 射频电感耦合放电的电磁过程

3.2.1 吸收功率密度

ICP 放电产生等离子体涉及的物化过程十分丰富，电磁波能量从射频功率源中产生到其最终被消耗掉，整个过程包含了射频网络匹配，电磁波与等离子体能量的耦合，等离子体的产生、输运、消耗等一系列问题。当射频能量加载到射频天线上时，由法拉第定律，时变电场在时变磁场产生的同时产生：

$$\nabla \times E = -\mu_0 \frac{\partial H}{\partial t} \tag{3.1}$$

式中，μ_0 为真空中的磁导率。

建立如图 3.1 所示坐标系，射频线圈附近任一点坐标可表示为 (r, θ, z) 的形式。

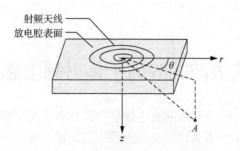

图 3.1 射频线圈附近的坐标表示

电磁场可表示为

$$E(r,\theta,z,t) = \mathrm{Re}(E(r,\theta,z) \cdot \mathrm{e}^{\mathrm{j}\omega_{RF}t}) \tag{3.2}$$

$$H(r,\theta,z,t) = \mathrm{Re}(H(r,\theta,z) \cdot \mathrm{e}^{\mathrm{j}\omega_{RF}t}) \tag{3.3}$$

式中，ω_{RF} 为射频角频率。设线圈为轴对称结构，则产生的磁场有 $H_r(r,z)$ 和 $H_z(r,z)$ 两个分量。未产生等离子体时射频磁场的磁力线环绕线圈分布，关于线圈平面对称，而产生等离子体时，等离子体中诱导出一个角向的电场 E_θ，并由其产生电场密度 J_θ，场线被限制在线圈和对称轴附近的有限区域内。根据法拉第定律，感应电场为方位角向电场，即 $E \equiv (0, E_\theta, 0)$，对应分量为 $E_\theta(r,z)$。

由 Maxwell 方程：

$$\nabla \times H = \frac{\partial D}{\partial t} \tag{3.4}$$

$$\frac{\partial D}{\partial t} = \varepsilon_0 \frac{\partial E}{\partial t} + J \tag{3.5}$$

将式 (3.5) 代入式 (3.4)：

$$\nabla \times H = \varepsilon_0 \frac{\partial E}{\partial t} + J \tag{3.6}$$

式中，$\varepsilon_0 \dfrac{\partial E}{\partial t}$ 代表位移电流，因为 $\omega_{RF} \ll \omega_{pe}$，$\omega_{pe}$ 为等离子体电子振荡角频率，所以这一项可以忽略不计，电流密度可表示为

$$J(r,\theta,z,t) = \mathrm{Re}(J(r,\theta,z) \cdot \mathrm{e}^{\mathrm{j}\omega_{RF}t}) \tag{3.7}$$

$$J \equiv (0, J_\theta, 0) \tag{3.8}$$

$$J_\theta = \sigma_p E_\theta \tag{3.9}$$

式中，σ_p 为等离子体的电导率。

由相关文献可得

$$E_\theta(r) = -\frac{\mu_0 \omega_{RF} j}{r} \int_0^r r' H_\theta(r') \mathrm{d}r' \tag{3.10}$$

$$J_\theta(r) = \frac{\mathrm{d}H_r}{\mathrm{d}z} - \frac{\mathrm{d}H_z}{\mathrm{d}r} \tag{3.11}$$

则放电等离子体功率可定义为

$$P_{abs} = \frac{1}{2} \mathrm{Re}(J_\theta \times E_\theta) \tag{3.12}$$

3.2.2 欧姆加热过程

由射频电源产生的单频谐振波 $E_\theta(t) = \mathrm{Re}(E(r,z) \cdot \mathrm{e}^{j\omega_{RF}t})$，引起电子漂移速度扰动随电场单频谐振振荡：

$$u_\theta(t) = \mathrm{Re}(u(r,z) \cdot \mathrm{e}^{j\omega_{RF}t}) \tag{3.13}$$

在只考虑静电力作用的情况下，电子的运动方程为

$$\frac{m_e \mathrm{d}u_\theta(t)}{\mathrm{d}t} = -eE_\theta(t) \tag{3.14}$$

电流密度为

$$J_\theta = \frac{\varepsilon_0 \omega_{pe}^2 E_\theta}{j\omega_{RF}} \tag{3.15}$$

由式(3.15)可知，不考虑电子碰撞只在静电力作用下，J_θ 相对于 E_θ 存在 90°滞后，使得 $P_{abs} = 0$。考虑电子碰撞时，电子与其他粒子的碰撞将对运动相位产生影响，这种随机化的电子运动是产生欧姆加热过程的本质因素，在这种情况下的电子运动方程、$u_\theta(t)$、J_θ 及等离子体的电导率 σ_p 将在 5.1.1 节中详细介绍。将 J_θ 和 σ_p 代入式(3.12)，可得

$$P_{abs} = \frac{1}{2}\mathrm{Re}(J_\theta \times E_\theta) = \frac{1}{2}\mathrm{Re}\left(\frac{\varepsilon_0 \omega_{pe}^2 E_\theta^2}{\nu + j\omega_{RF}}\right) = \frac{1}{2}|E_\theta^2|\mathrm{Re}\left[\frac{\varepsilon_0 \omega_{pe}^2}{\nu^2 + \omega_{RF}^2}(\nu - j\omega_{RF})\right] \tag{3.16}$$

式中，ν 为电子碰撞频率。

由

$$\omega_{pe} = \sqrt{\frac{n_e \cdot e^2}{m_e \cdot \varepsilon_0}} \tag{3.17}$$

可得

$$P_{abs} = \frac{1}{2} | E_\theta^2 | \cdot \frac{n_e e^2 \nu}{m_e (\nu^2 + \omega_{RF}^2)} \tag{3.18}$$

由式(3.18)可以看到，电子与其他粒子的碰撞对运动相位产生影响，使能量能够通过电子传递给其他粒子，只要存在这种碰撞就存在加热。在这种加热模式中，只有碰撞频率足够大，才能使电磁波的能量有效地传递到等离子体中。放电气体的气压增加能够有效地提高电子的碰撞频率，文献就提出中等气压下 ICP 放电产生的等离子体密度远高于低气压放电时的电子密度。在低气压下，碰撞频率降低到一个较低的水平时，上述欧姆加热模式不起主要作用，而是由非碰撞加热（或称为随机加热）发挥作用。本章的 ICP 放电实验在 1Torr 左右的中等气压环境下进行。

3.3　闭式透波腔体的射频电感耦合放电实验

3.3.1　放电电源及电路

ICP 装置通常由射频电源、射频匹配网络、射频天线、放电室和气路系统等部分组成，根据应用方向的不同，有些 ICP 装置还包括离子引出装置。射频能量由射频电源产生，经由射频匹配器完成阻抗匹配，通过螺旋天线耦合进入放电室，产生并维持等离子体。

实验中采用的电源是中国科学院微电子研究所生产的 MSY-1 型 1000W 脉冲射频功率源，其频率为 13.56MHz，工作电压为 12～32V 连续可调，最大输出电流为 55A。为保证有足够的功率馈入等离子体中并防止过大的功率返回功率源，在功率源和射频天线之间需要射频匹配器以调节前向功率和反射功率。实验采用的是 SP-I 型射频匹配器。射频匹配器基本电路为 L 形匹配网络电路，如图 3.2 所示。射频匹配器面板上两个旋钮即对应图 3.2 中的 C1 和 C2，通过调节它们使反射功率最小，尽量保证驻波比 SWA≤1.5。

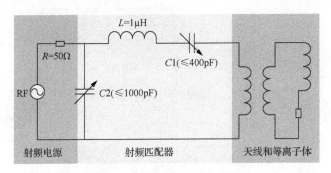

图 3.2　射频匹配器等效电路

3.3.2　放电腔体及射频天线

　　闭式放电腔体与第 2 章中设计采用的放电腔体相同。ICP 的能量耦合效率对空气间隙十分敏感，耦合效率随气隙距离的增大而减小，所以针对平板式封闭式放电腔体，实验采用平面螺旋线圈作为射频天线。放电线圈采用直径为 1mm 的铜线绕制而成，线圈共绕 4 圈，每圈间距 9mm。图 3.3 为放电腔体与放电线圈的安装图。

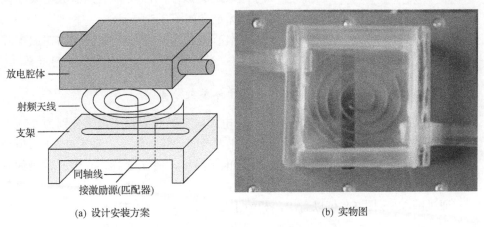

(a) 设计安装方案　　　　　　　　　　(b) 实物图

图 3.3　放电腔体与放电线圈安装图

3.3.3　实验安排

　　图 3.4 为实验装置示意图。实验时腔体一端通入高纯氩气，另一端用真空泵持续抽气。实验主要对等离子体的发射光谱进行测量。等离子体放电产生的光经由光纤引入光谱仪 Avantes Avaspec-USB2，由与其连接的计算机控制、采集并进行数据的存储。

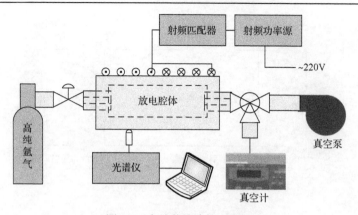

图 3.4　实验装置连接示意图

3.3.4　实验测量及结果分析

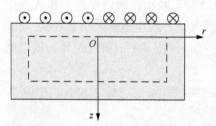

图 3.5　光谱数据采集位置坐标定义

尽管本实验系统并非轴向对称的，但是根据文献中射频电感耦合放电实验的结论，电磁场大致结构及吸收功率的空间分布与轴对称系统类似，因而实验中光谱数据采集位置坐标定义如图 3.5 所示。

本节中光谱数据的采集位置均在放电腔体侧面，其坐标表示均参照图 3.5 的定义。

1. 8cm×8cm×2cm 放电腔内的等离子体参数分布

放电实验采用与 2.2 节实验相同的放电腔，在射频源输出电压分别为 15V、16V、17.5V 时，对发射光谱进行测量。在光谱的计算处理上，采用 2.2.4 节所使用的方法，即使用 Boltzmann 斜率法计算电子温度，用 750.387nm 波长的谱线强度来表示电子密度分布，测量和计算结果如图 3.6～图 3.8 所示。

通过图 3.6～图 3.8 可以看出，相较于 2.2 节开展的放电实验，采用射频电感耦合方式产生的等离子体参数分布更为均匀，基本不存在梯度变化。从 r 轴上看，由于放电空间较小，除了当射频电源输出电压为 15V 时，在离线圈中心最远端（即 z 最大时），氩原子 750.387nm 谱线强度出现较明显下降，输出电压增大时，整个腔体内等离子体产生非常均匀。从 z 轴上看，当射频电源输出电压为 17.5V 和 16V 时，等离子体参数在放电腔内的分布基本不发生变化，而当射频电源输出电压为 15V 时，随着 z 值增大，参数值有一定程度的下降。

2. 30cm×30cm×2cm 放电腔内的等离子体参数分布

在 30cm×30cm×2cm 放电腔内的测量和计算结果如图 3.9～图 3.11 所示。

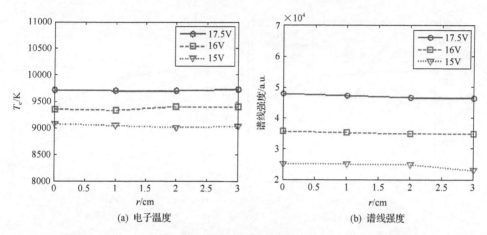

(a) 电子温度　　　　　　　　　　(b) 谱线强度

图 3.6　z=0.5cm 处的等离子体参数分布情况（8cm×8cm×2cm 放电腔）

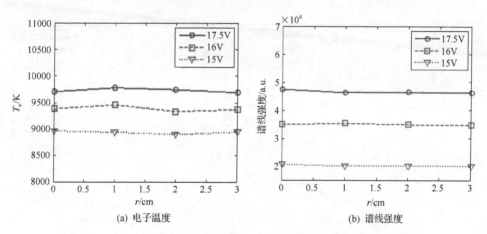

(a) 电子温度　　　　　　　　　　(b) 谱线强度

图 3.7　z=1.0cm 处的等离子体参数分布情况（8cm×8cm×2cm 放电腔）

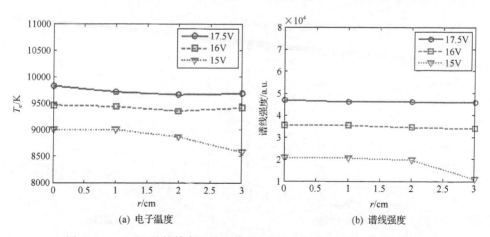

(a) 电子温度　　　　　　　　　　(b) 谱线强度

图 3.8　z=1.5cm 处的等离子体参数分布情况（8cm×8cm×2cm 放电腔）

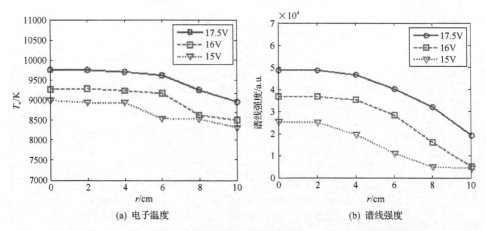

(a) 电子温度　　　　　　　　　　　(b) 谱线强度

图 3.9　z=0.5cm 处的等离子体参数分布情况(30cm×30cm×2cm 放电腔)

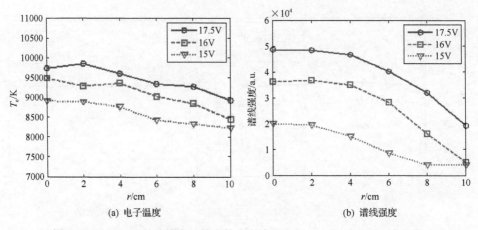

(a) 电子温度　　　　　　　　　　　(b) 谱线强度

图 3.10　z=1.0cm 处的等离子体参数分布情况(30cm×30cm×2cm 放电腔)

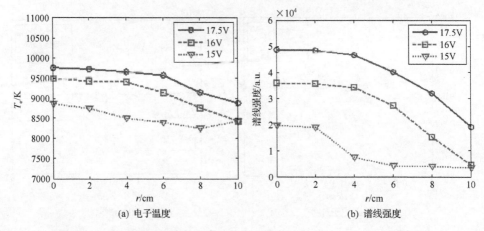

(a) 电子温度　　　　　　　　　　　(b) 谱线强度

图 3.11　z=1.5cm 处的等离子体参数分布情况(30cm×30cm×2cm 放电腔)

当线圈尺寸远小于放电腔体的尺寸时，通过图 3.9～图 3.11 能够很好地了解在有限尺寸的线圈情况下，等离子体参数的分布情况。在 $r=0$～4cm 范围内，其分布情况与小型放电腔的分布基本一致，说明腔体尺寸的改变对其分布没有明显的影响。在 $r>4$cm 时，随着测量位置远离线圈，射频能量减弱，电子能量和气体的电离率均不同程度减小，表现在图 3.9～图 3.11 的分布曲线上即电子温度和谱线强度出现了下降。当射频电源输出电压为 17.5V 和 16V 时，其下降幅度比较明显，并且距离射频线圈越远，其下降趋势越大；当射频电源输出电压为 15V 时，由于在 3cm≤r≤4cm 时，其谱线强度已经下降到一个较低的水平，在 $r>4$cm 时其下降幅度更为缓和。但是从实验的放电现象来看，这种下降幅度缓和不一定是由于参数变化趋缓，有可能是由光谱采集设备的采集原理和精度限制引起的，谱线强度的实际值可能小于测量值。

3.4　仿　真　模　拟

3.4.1　闭式透波腔体射频电感耦合放电建模

计算采用 COMSOL Multiphysics 仿真软件，以实现多物理场的耦合计算。COMSOL Multiphysics 软件基于有限元方法，通过联立解算描述各相关物理场的偏微分方程，实现对物理场的仿真模拟。为与前文实验条件一致，使用纯氩气作为工作气体。为简化计算，根据发生器本身特点，将模型做轴对称处理。放电线圈为铜材质，共 4 圈，每圈间距 9mm，为便于网格划分，线圈截面为边长 1mm 的正方形。图 3.12 为仿真计算模型的二维几何构型及网格划分。

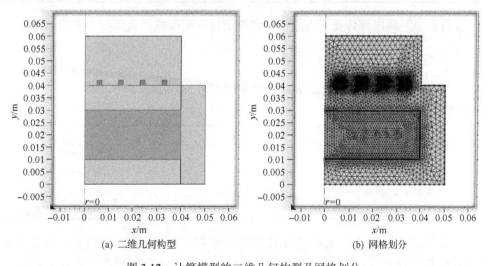

(a) 二维几何构型　　　　　　　　　　(b) 网格划分

图 3.12　计算模型的二维几何构型及网格划分

3.4.2　仿真设置

1. 碰撞截面文件定义

在 COMSOL Multiphysics 仿真软件中进行等离子体相关仿真时，使用碰撞截面文件来定义放电过程中的各反应过程。COMSOL Multiphysics 支持的反应包括四种类型，分别为弹性碰撞、激发、电离和吸附。在本书的仿真中只考虑了前三种反应类型。碰撞截面文件格式定义如表 3.1 所示。

表 3.1　碰撞截面文件格式定义

行号	内容
1	标示反应类型 (1)弹性碰撞：ELASTIC； (2)激发：EXCITATION； (3)电离：IONIZATION； (4)吸附：ATTACHMENT
2	以 A+B $\Rightarrow$ C+D 的形式表示的反应式
3	与反应类型相关的反应参数 (1)ELASTIC：电子与目标粒子的质量比； (2)EXCITATION：由三项组成，分别表示激发能、终态和初态的统计权重比以及细致平衡条件标识； (3)IONIZATION：电离阈值能； (4)ATTACHMENT：无意义，置 0
4	数据比例调整量
5	数据开始标志：-------
…	碰撞截面数据
…	数据结束标志：-------

仿真中腔体内气体设置为氩气，详细的反应碰撞截面数据参见附录 A。

2. 参数设置

仿真参数设置如表 3.2 所示，表中 linspace(·)为线性分割函数。

表 3.2　仿真参数设置

参数	符号表示	参数值
电源电压	V	15V、16.5V
电源频率	freq	13.56MHz
腔体内气体压力	Pres	1Torr
仿真时间	t	0ms、1E[linspace(−5,0,100)]ms

在软件求解器选择上，已有的研究表明 PARDISO 方法是求解线性稀疏矩阵最快的方法之一，因而本书选用 PARDISO 求解器进行闭式腔体 ICP 放电的仿真模拟。

3.4.3 仿真结果及分析

当电源电压为 15V 时电子密度对数 $\lg(n_e)$ 随时间的变化情况如图 3.13 所示。

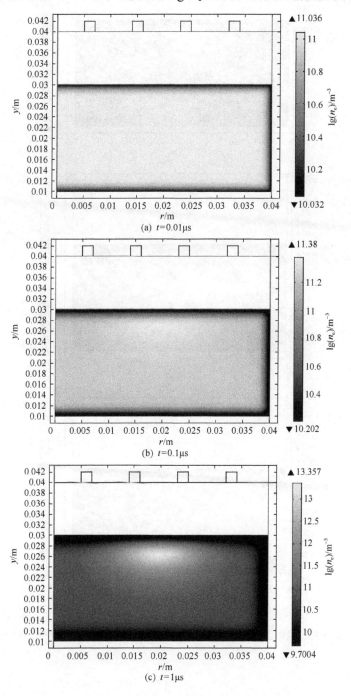

(a) $t=0.01\mu s$

(b) $t=0.1\mu s$

(c) $t=1\mu s$

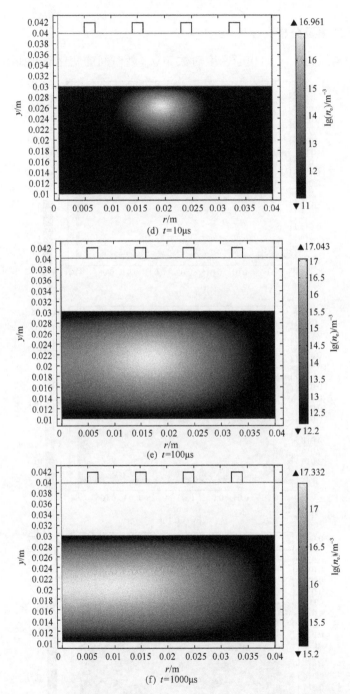

图 3.13　当电源电压为 15V 时电子密度对数 $\lg(n_e)$ 随时间的变化情况

在 t=1μs 之前，放电腔体内整体激发水平较低，电子密度分布较为均匀；当 t=1～10μs 时，靠近线圈的小部分空间内气体得到较强的激发，电子密度迅速增加；当 t=100～1000μs 时，放电腔体内的等离子体电子密度变得更加均匀，高密度区范围较上一时间段大幅增加。对比 t=1000μs 的电子密度分布和 3.3.4 节第 1 部分氩原子 750.387nm 谱线强度的分布可以看出，两者的变化趋势基本相同，COMSOL Multiphysics 软件的仿真能够较好地再现实验现象。

当电源电压为 16.5V 时电子密度对数 $\lg(n_e)$ 随时间的变化情况如图 3.14 所示。

当电源电压为 16.5V 时电子密度对数 $\lg(n_e)$ 随时间的变化趋势与电源电压为 15V 基本一样。不同的是，在 t=1μs 时，腔体内整体的电子密度水平已经有了较大

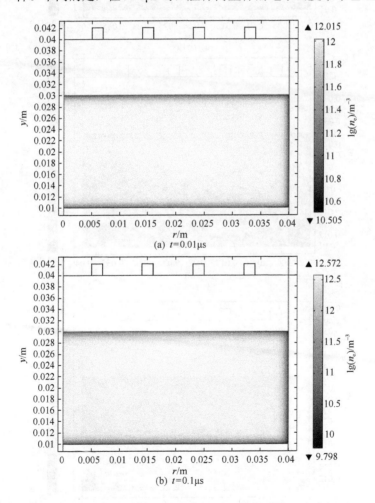

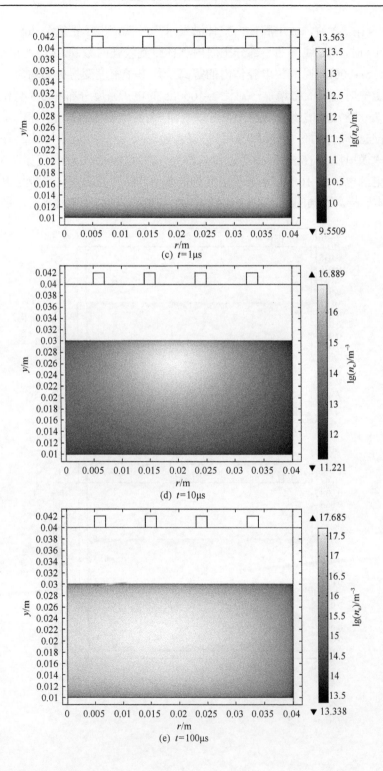

(c) $t=1\mu s$

(d) $t=10\mu s$

(e) $t=100\mu s$

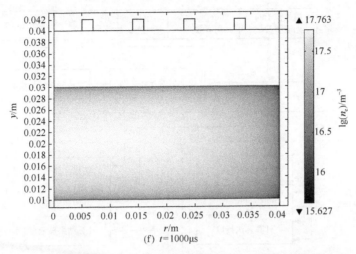

(f)　$t=1000\mu s$

图 3.14　当电源电压为 16.5V 时电子密度对数 $\lg(n_e)$ 随时间的变化情况

的提高，较电源电压为 15V 时分布更为均匀。同样，在 $t>100\mu s$ 时，电子密度在放电腔体内均匀性更好，在分布数据上体现出的趋势与 3.3.4 节第 1 部分的谱线强度分析结果一致。

3.5　等离子体电子温度计算软件设计

3.5.1　软件总体框架

　　为简化等离子体电子温度的求取流程，提高等离子体参数分布诊断效率，本节在 2.2.4 节诊断方法基础上，对等离子体电子温度计算软件进行设计开发。其设计思想主要是参考人工处理计算流程，提供一种图形化的快捷处理方案，软件的基本框架和处理流程如图 3.15 所示。软件主要由数据、计算和显示三个模块组成。数据模块主要是导入相关粒子的光谱学参数、实验测定的光谱数据、测定的标准光源数据和理论标准光源数据，针对测量条件进行测定数据谱线强度校准，针对测量设备的精度进行波长校准。计算模块主要采用谱线比值法和 Boltzmann 斜率法，利用数据模块提供的光谱学参数和校准后的数据进行计算，同时为了使用其他可能的算法进行光谱数据分析，计算模块中留有计算算法接口，由模块提供现成数据以进行相关处理，实现软件功能的扩充。显示模块主要是在程序载入时，根据数据模块提供的光谱学参数对软件界面进行初始化，并提供数据图形化显示及计算结果显示功能。软件界面如图 3.16 所示。

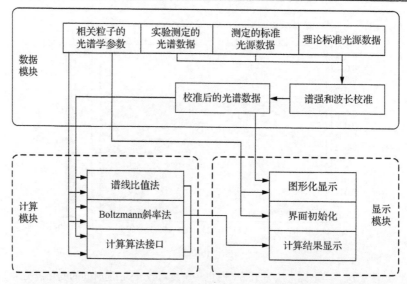

图 3.15　软件的基本框架及处理流程示意图

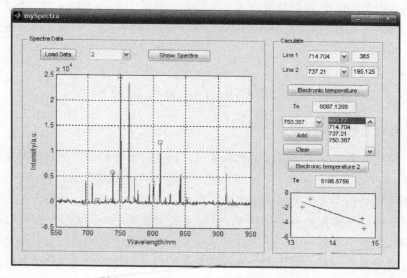

图 3.16　等离子体电子温度计算软件界面

3.5.2　基本校准方法

　　由于测量环境和测量条件的限制，实际测定的光谱数据往往存在比较大的误差，在使用数据进行等离子体参数诊断前，必须对光谱数据进行校准。对于谱线强度的校准，主要依靠标准光源，在与等离子体放电实验相同的环境下测量其光谱数据，并与标准数据进行对比，获取其偏差比例，即可得到真实的谱线强度。谱线强度的校准对于人工处理和软件处理都比较容易。而对于波长来说，由于设备限制，实验得到的波长与实际波长往往存在一定的偏差，人工处理时可参考放电粒子的发射光谱特性进行校正，而软件处理相对困难，因而本节主要对波长的校准进行介绍。

以一次纳秒脉冲放电实验光谱为例，光谱仪 Avantes AvaSpec-USB2 测定的 750.0~752.5nm 的氩原子光谱数据如表 3.3 所示。

表 3.3　750.0~752.5nm 的氩原子光谱数据

波长/nm	谱线强度/a.u.
750.072	18128
750.338	48901.25
750.605	54493.25
750.871	29758.25
751.138	14090.5
751.404	25701.5
751.670	32379.5
751.937	14489.25
752.203	1397.75
752.469	755.5

根据相关文献，在这一波段，氩原子有 750.39nm 和 751.47nm 两个较强的发射光谱波长，而实测谱线最强点分别出现在 750.605nm 和 751.670nm。经分析可以看出，实测峰值点相对理论峰值点存在较为固定的 0.2nm 左右的误差，可考虑人工输入偏差值，软件分析时在加入偏差值后取特征波长的最近点即可。根据实测波长值与理论值之间较为稳定的偏差关系，下面给出一种确定偏差值的方法以实现软件的自动校正。

设偏差值为 err，特征波长值 $W = \{w_i\}$，$i \in [1, \text{nc}]$，测定光谱值采用"{键:值}"字典形式表示为 $I = \{w_i^* : I_i\}$，$i \in [1, \text{ni}]$，w_i^* 对应波长，I_i 对应谱线强度，ni 和 nc 为所选取的波长值。err 通过式(3.19)确定：

$$R_{\text{err}} = \sum_{i=1}^{\text{nc}} \left[1 - \frac{I(\text{round}^*(w_i + \text{err}))}{\max(I)} \right], \quad \text{err} \in [-0.5, 0.5] \tag{3.19}$$

在取值范围内，使 R_{err} 最小的 err 即可确定为偏差值。对 $\text{round}^*(\cdot)$ 定义不同于常规意义上的取整舍入函数 $\text{round}(\cdot)$，表示查找 $\cdot$ 附近最近的 w^*。

3.5.3　数据文件格式定义

根据数据模块的定义，计算中用到的数据主要包括光谱数据和放电粒子的光谱学参数数据。光谱数据主要包括光谱信息和谱线数据两部分，之间用 7 个以上的 "=" 间隔，光谱信息前 3 行是固定定义，之后为额外需要的定义(如谱线波长测量的偏差量等)，由参数标识符区分，其定义如表 3.4 所示。

表 3.4　文件头的参数标识符定义

行号	参数标识符	数据值
1	FileName	文件名
2	PortID	端口号
3	Time	采样时间(ms)
…	自定义(M 语言变量规则)	额外信息
…	======	间隔符
…	波长值(nm)	谱线强度值

光谱学参数数据前 2 行是固定定义，之后为额外需要的定义，在 7 个以上的 "=" 间隔符之后为参数数据，参数数据的格式样式可参考表 3.5。

表 3.5　光谱学参数标识符定义

行号	参数标识符	数据值
1	FileName	文件名
2	Species	粒子类型
…	自定义(M 语言变量规则)	额外信息
…	======	间隔符

3.6　本 章 小 结

利用射频电感耦合方法并采用平板式螺旋天线进行放电，相对于第 2 章的双电极产生方案，产生的等离子体能够对放电设备进行有效遮挡，同时放电电压及功耗都较低，是飞行器局部闭式等离子体隐身的理想方式。本章在第 2 章研制的两个规格的闭式腔体中，通过射频电感耦合方式开展了放电实验。通过测量其发射光谱数据分析了在不同电源输出电压的情况下等离子体参数分布的规律。利用 COMSOL Multiphysics 软件对实验过程进行了仿真，分析了激发过程中闭式放电腔体内部的等离子体参数变化趋势，比较了仿真计算结果与实验测量值，验证了仿真的可靠性。本章与第 2 章的研究可为探索飞行器局部强散射部件闭式等离子体隐身技术的可行放电方案提供参考。

第4章　基于碰撞-辐射模型的等离子体参数诊断

电子密度是影响等离子体对电磁波吸收作用的最重要的因素。在第 2 章和第 3 章中利用 Boltzmann 斜率法对放电实验中的等离子体发射光谱进行了分析，该方法并不能给出等离子体的电子密度信息。同时由于测量设备的限制，本书中得到的光谱数据难以按照常规的等离子体密度诊断方法，通过测算相关的光谱展宽来计算电子密度。本章将研究基于碰撞-辐射模型(collisional-radiative model，CRM)通过特征谱线强度比值来获取等离子体电子密度，同时探索应用径向基函数网络和遗传算法简化诊断过程，提高等离子体参数的诊断效率。

4.1　引　　言

在实验室环境下等离子体产生并维持的过程中，根据反应粒子碰撞跃迁速率及辐射跃迁速率的不同进行分类，等离子体所处的状态被分为局部热平衡态(local thermal equilibrium，LTE)和非局部热平衡态。当碰撞跃迁过程处于主导，即碰撞跃迁速率远大于辐射跃迁速率时，忽略辐射过程影响，处于不同激发态的粒子密度分布可由 Saha 方程和 Boltzmann 方程描述，此时等离子体处于局部热平衡态，等离子体密度非常高。而当碰撞跃迁速率与辐射跃迁速率相当时，根据等离子体密度的不同，等离子体可能处在不同的状态：当等离子体密度较低时，离子由电子碰撞激发，然后通过自发辐射退激，此状态下等离子体可由日冕模型(corona model，CM)描述，求取处于各激发态能级的粒子数密度；而当等离子体密度较高时，必须在考虑多种跃迁过程的基础上求解粒子数平衡方程，才能得到各激发态粒子的密度分布。CRM 正是在反映粒子各过程基础上，通过相关平衡方程建立起来的。

4.2　碰撞-辐射模型以及等离子体参数

4.2.1　碰撞-辐射模型

CRM 用于等离子体发射光谱诊断的过程分为如下四步。

步骤 1：设定等离子体参数及实验条件，包括准备等离子体相关反应过程及其速率系数，确定反应速率平衡方程。

　　步骤 2：在指定的等离子体参数条件下通过速率平衡方程计算相关反应粒子在各能级上的布居分布值。

　　步骤 3：参考粒子的跃迁速率系数，根据粒子布居分布计算粒子各特征谱线的相对强度值及其相互间的比值。

　　步骤 4：将计算得到的特征谱线强度比值与从实验测得的光谱数据中统计得到的特征谱线强度比值进行比较，如果相同，则结束计算，输出步骤 1 设定的等离子体参数；否则，重新设定等离子体参数，转步骤 2。

　　诊断基本过程示意图如图 4.1 所示。

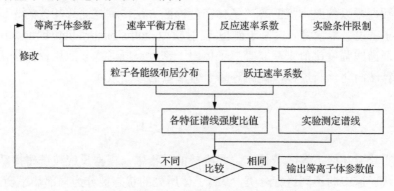

图 4.1　CRM 用于等离子体发射光谱诊断的基本过程

4.2.2　氩原子反应过程及速率系数

在本章的计算中，氩原子放电涉及的反应过程包括以下几种。

(1) 电子碰撞激发(electron-impact excitation)过程；

(2) 布居转移(population transfer)过程；

(3) 电子碰撞电离(electron-impact ionization)过程；

(4) 基态粒子的 Penning 电离(Penning ionization)过程；

(5) 电子碰撞复合(electron collisional recombination)过程；

(6) 碰撞分裂(atom-collision/electron-impact dissociation)过程；

(7) 三体碰撞化合(three-body collisional association)反应。

各反应过程的基本形式如表 4.1 所示，详细的反应及其速率系数可见附录 B。

表 4.1　氩原子反应过程的基本形式

反应类型	基本形式
电子碰撞激发	$e^- + Ar/Ar^* \longleftrightarrow e^- + Ar^*$
布居转移	$e^-/Ar + Ar^* \longleftrightarrow e^-/Ar + Ar^*$
电子碰撞电离	$e^- + Ar^* \longleftrightarrow e^- + e^- + Ar^+$

续表

反应类型	基本形式
基态粒子的 Penning 电离	$Ar^* + Ar^* / Ar_2^* \longleftrightarrow e^- + Ar + Ar^+ / Ar_2^+$ $Ar_2^* + Ar_2^* \longleftrightarrow e^- + Ar + Ar + Ar_2^+$
电子碰撞复合	$e^- + e^- / Ar + Ar^+ \longleftrightarrow e^- / Ar + Ar^*$ $e^- + Ar_2^+ \longleftrightarrow Ar / Ar^* + Ar$
碰撞分裂	$Ar_2^* / Ar_2^+ + Ar \longleftrightarrow Ar / Ar^+ + Ar + Ar$ $e^- + Ar_2^* / Ar_2^+ \longleftrightarrow e^- + Ar + Ar^* / Ar^+$
三体碰撞化合	$Ar + Ar + Ar^* / Ar^+ \longleftrightarrow Ar + Ar_2^* / Ar_2^+$

4.2.3　计算方程

各种粒子的平衡方程反映了等离子体的反应过程，是利用 CRM 诊断计算的基础，计算采用的 CRM 主要包括以下粒子数平衡方程。

（1）激发粒子平衡方程：

$$
\begin{aligned}
&n_e n_g Q_{gs \to x}^{gs\text{-}exc} + \sum_{y \neq x} \Gamma_{y \to x} A_{y \to x} n_y + n_e^2 n_{Ar^+} Q_{e,e,Ar^+ \to x}^{rec} + n_e \sum_{y \neq x} n_y Q_{y \to x}^{e\text{-}tran(1s\text{-}exc)} \\
&+ n_g \sum_{y \neq x} n_y Q_{y \to x}^{at\text{-}tran} + n_e n_{Ar_2^*} Q_{Ar_2^* \to x}^{e\text{-}dis} + n_g n_{Ar_2^*} Q_{Ar_2^* \to x}^{at\text{-}dis} + n_e n_g n_{Ar^+} Q_{e,gs,Ar^+ \to x}^{rec} \\
&+ n_e n_{Ar_2^+} Q_{e,gs,Ar_2^+ \to x}^{rec} \\
&= n_e n_x Q_{x \to gs}^{de\text{-}exc} + n_g n_x \sum_{y \neq x} Q_{x \to y}^{at\text{-}tran} + \Gamma_{x \to gs} A_{x \to gs} n_x + n_e n_x \sum_{y \neq x} Q_{x \to y}^{e\text{-}tran(de\text{-}exc)} \\
&+ n_x \sum_{y \neq x} n_y Q_{x,y}^{Penni} + n_{Ar_2^*} n_x Q_{x,Ar_2^*}^{Penni} + \sum_{y \neq x} \Gamma_{x \to y} A_{x \to y} n_x + n_e n_x Q_{x \to Ar^+}^{ioniz} + 2 n_x^2 Q_{x,x}^{Penni} \\
&+ n_g^2 n_x Q_{gs,gs,x}^{3\text{-}body} + K_x^{wall} n_x
\end{aligned}
\tag{4.1}
$$

式中，Γ 为平均逃逸因子，其计算可参阅相关文献。

（2）Ar_2^* 速率平衡方程：

$$
\begin{aligned}
n_g^2 \sum_x n_x Q_{gs,gs,x}^{3\text{-}body} &= n_e n_{Ar_2^*} \sum_x Q_{Ar_2^* \to x}^{e\text{-}dis} + n_e n_{Ar_2^*} \sum_x Q_{Ar_2^* \to x}^{at\text{-}dis} \\
&+ A_{Ar_2^*} n_{Ar_2^*} + n_e n_{Ar_2^*} Q_{Ar_2^*}^{ioniz} + 2 n_{Ar_2^*}^2 Q_{Ar_2^*,Ar_2^*}^{Penni} \\
&+ n_{Ar_2^*} \sum_x n_x Q_{x,Ar_2^*}^{Penni} + K_{Ar_2^*}^{wall} n_{Ar_2^*}
\end{aligned}
\tag{4.2}
$$

（3）Ar_2^+ 速率平衡方程：

$$n_{\mathrm{g}}^2 n_{\mathrm{Ar}^+} Q_{\mathrm{Ar}^+ \to \mathrm{Ar}_2^*}^{\text{3-body}} + n_{\mathrm{e}} n_{\mathrm{Ar}_2^*} Q_{\mathrm{Ar}_2^*}^{\text{ioniz}} + n_{\mathrm{Ar}_2^*}^2 Q_{\mathrm{Ar}_2^*, \mathrm{Ar}_2^*}^{\text{Penni}} + n_{\mathrm{Ar}_2^*} \sum_x n_x Q_{x, \mathrm{Ar}_2^*}^{\text{Penni}}$$

$$= n_{\mathrm{e}} n_{\mathrm{Ar}_2^+} Q_{\mathrm{Ar}_2^+ \to \mathrm{Ar}^+}^{\text{e-dis}} + n_{\mathrm{g}} n_{\mathrm{Ar}_2^+} Q_{\mathrm{Ar}_2^+ \to \mathrm{Ar}^+}^{\text{at-dis}} + n_{\mathrm{e}} n_{\mathrm{Ar}_2^+} \left(Q_{\mathrm{Ar}_2^+ \to \mathrm{gs}}^{\text{rec}} + \sum_x Q_{\mathrm{Ar}_2^+ \to x}^{\text{rec}} \right) + K_{\mathrm{Ar}_2^+}^{\mathrm{a}} n_{\mathrm{Ar}_2^+}$$

$$(4.3)$$

（4）电荷平衡方程：

$$n_{\mathrm{Ar}^+} + n_{\mathrm{Ar}_2^+} = n_{\mathrm{e}} \tag{4.4}$$

式（4.1）～式（4.4）中，Ar_x 为各能级状态下的氩原子：

$$x, y = \mathrm{gs}, 1\mathrm{s}5 \sim 1\mathrm{s}2, 2\mathrm{p}10 \sim 2\mathrm{p}1, 2\mathrm{s}3\mathrm{d}, 3\mathrm{p}, \mathrm{hl}$$

Ar^+ 为氩离子；Ar_2^+ 为氩气分子离子；Ar_2^* 为激态氩气分子离子。Q 为各反应的速率系数，Q 的上标表示反应类型，下标表示涉及的粒子类型（具体值可参考附录B）。反应类型包括：-exc 为从相应能级激发；de-exc 为去激；-tran 为布居转移；ioniz 为受电子冲击电离；Penni 为激态粒子的 Penning 电离；rec 为电子与原子和分子的碰撞重组；-dis 为 Ar_2^+ 或 Ar_2^* 在粒子碰撞情况下的分裂；3-body 主要反映了两个三体碰撞过程。A 为 Einstein 系数。K 为扩散控制反应系数，中性粒子的扩散控制反应系数表示为 K_x^{wall}，其值与扩散系数（diffusion coefficient）D_x、器壁粘连系数（wall sticking coefficient）γ_x、等离子体放电尺寸和气体温度 T_{g} 有关，这里的 T_{g} 单位为 K，而不同于 T_{e} 的单位 eV，在本书的计算中，D_x 设置为 $3 \times 10^{18} / n_{\mathrm{g}}$，$\gamma_x$ 设置为 1；非中性粒子的扩散控制反应系数表示为 K_x^{a}，其计算可参阅相关文献，计算中涉及如下参量。

（1）双极扩散系数（ambipolar diffusion coefficient）D_{a}：

$$D_{\mathrm{a}} = \frac{\mu_{\mathrm{i}} D_{\mathrm{e}} + \mu_{\mathrm{e}} D_{\mathrm{i}}}{\mu_{\mathrm{i}} + \mu_{\mathrm{e}}} \tag{4.5}$$

式中，μ_x (x=i, e) 为迁移率；D_x (x=i, e) 为扩散系数，表达式为

$$\mu_x = \frac{|q_x|}{m_x \nu_{m,x}} \tag{4.6}$$

$$D_x = \frac{kT}{m_x \nu_{m,x}} \tag{4.7}$$

其中，ν_m 为碰撞频率，$x=$i 时表示离子，$x=$e 时表示电子。

由于 $m_i \gg m_e$，$\mu_i \ll \mu_e$，所以：

$$D_a = \frac{\mu_i D_e + \mu_e D_i}{\mu_i + \mu_e} \approx \frac{\mu_i}{\mu_e} D_e + D_i \tag{4.8}$$

(2) 离子平均自由程 λ_i：

$$\lambda_i = \frac{1}{n_g \sigma_i} \tag{4.9}$$

式中，σ_i 为离子的碰撞截面。

(3) 玻姆速度 (Bohm velocity) u_B：

$$u_B = \sqrt{\frac{e \cdot T_e}{m_i}} \tag{4.10}$$

4.2.4　等离子体参数计算

计算中根据实验条件，主要考虑光学薄等离子体的情况，即光子自由程大于等离子体厚度，因此不考虑光子在等离子体中传播的再吸收问题，同时，由于其光致电离、激发及受激发射过程所占比例很小，在计算中可以忽略它们的影响。基于以上条件通过 CRM，在指定反应参数的情况下，即可获得各能级的粒子分布情况。为与光谱数据相对应，在此选用 2p 能级的粒子分布，通过式 (4.11) 获取误差值 Err，计算使得 Err 最小的 T_e 和 n_e，即可确定光谱数据对应的等离子体参数：

$$\text{Err} = \sum_{x \neq y} \left(\frac{I_x}{I_y} - \frac{A_x n_x}{A_y n_y} \right) \tag{4.11}$$

式中，$x, y = 2\text{p}10 \sim 2\text{p}1$；$I$ 为测得的谱线强度。计算常用到的氩原子从 2p 能级到 1s 能级的跃迁过程及相应的谱线参数如表 4.2 所示。

表 4.2　部分氩原子从 2p 能级到 1s 能级的跃迁过程及相关的谱线参数

过程	Einstein 系数/s^{-1}	波长/nm
$\text{Ar}_{2\text{p}1} \longrightarrow \text{Ar}_{1\text{s}2} + h\nu$	4.5×10^7	750.4
$\text{Ar}_{2\text{p}3} \longrightarrow \text{Ar}_{1\text{s}2} + h\nu$	2.2×10^7	840.8
$\text{Ar}_{2\text{p}4} \longrightarrow \text{Ar}_{1\text{s}2} + h\nu$	1.4×10^7	852.1
$\text{Ar}_{2\text{p}4} \longrightarrow \text{Ar}_{1\text{s}3} + h\nu$	1.9×10^7	794.8

续表

过程	Einstein 系数/s^{-1}	波长/nm
$Ar_{2p5} \longrightarrow Ar_{1s4} + h\nu$	4.0×10^7	751.1
$Ar_{2p6} \longrightarrow Ar_{1s5} + h\nu$	2.5×10^7	763.5
$Ar_{2p7} \longrightarrow Ar_{1s4} + h\nu$	2.5×10^7	810.4
$Ar_{2p8} \longrightarrow Ar_{1s4} + h\nu$	2.2×10^7	842.5
$Ar_{2p9} \longrightarrow Ar_{1s5} + h\nu$	3.3×10^7	811.5
$Ar_{2p10} \longrightarrow Ar_{1s2} + h\nu$	1.9×10^7	912.3

4.3　实验测量及参数计算

4.3.1　发射光谱测量与分布分析

在腔体厚度方向上的 4mm、8mm、12mm、16mm 四个位置测量发射光谱，得到经调校后的 700～1000nm 光谱和通过光谱数据计算得到的 2p 能级经归一化处理后的密度分布如图 4.2～图 4.5 所示。

4.3.2　参数计算结果及误差分析

由图 4.2～图 4.5 可以看出，由于实验条件限制，测得的 2p 能级的布居分布除了 2p1 和 2p9 外(可得，2p1 仅对应 750.4nm 波长，2p9 仅对应 811.5nm 波长)，都存在一定的偏差。对存在偏差项取平均，通过计算，可得各点的电子密度和电子温度如表 4.3 所示。

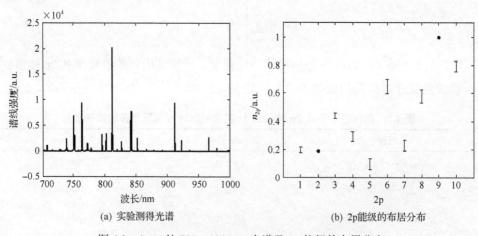

(a) 实验测得光谱　　　　　　　　　(b) 2p能级的布居分布

图 4.2　4mm 处 700～1000nm 光谱及 2p 能级的布居分布

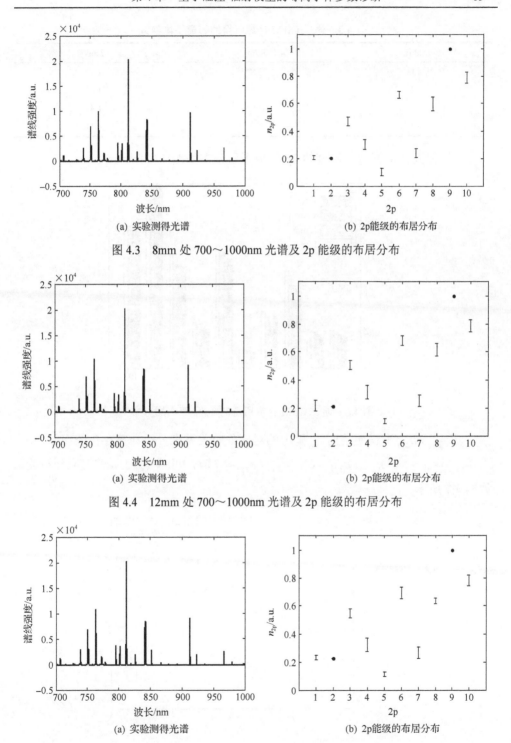

(a) 实验测得光谱　　　　　　　　　(b) 2p能级的布居分布

图 4.3　8mm 处 700～1000nm 光谱及 2p 能级的布居分布

(a) 实验测得光谱　　　　　　　　　(b) 2p能级的布居分布

图 4.4　12mm 处 700～1000nm 光谱及 2p 能级的布居分布

(a) 实验测得光谱　　　　　　　　　(b) 2p能级的布居分布

图 4.5　16mm 处 700～1000nm 光谱及 2p 能级的布居分布

表 4.3　通过 CRM 计算所得的等离子体参数

位置	n_e/m^{-3}	T_e/eV
1	1.75×10^{17}	1.42
2	2.12×10^{17}	1.41
3	2.84×10^{17}	1.41
4	3.72×10^{17}	1.41

计算得到各位置电子密度的 2p 能级布居分布如图 4.6 所示。

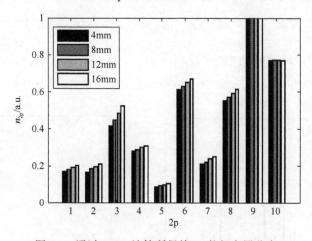

图 4.6　通过 CRM 计算所得的 2p 能级布居分布

以 $n_{2p9}\,/\,n_{2p1}$ 取确定值时 T_e 和 n_e 的对应分布关系来分析计算存在的误差情况。当 $n_{2p9}\,/\,n_{2p1}=5$、$n_{2p9}\,/\,n_{2p1}=6$、$n_{2p9}\,/\,n_{2p1}=7$ 时，可得 T_e 和 n_e 的对应分布关系如图 4.7 所示。

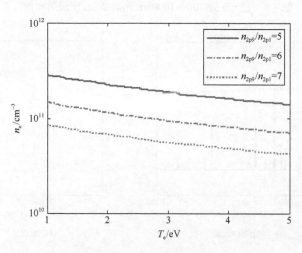

图 4.7　2p9/2p1 的等高分布

从图 4.7 可以看出，分布曲线斜率较小，因而当其他比值数据出现偏差时，分布交点在横坐标方向变化会较为剧烈，计算所得到的 T_e 可能存在较大的误差。但在等离子体隐身技术应用的过程中，n_e 值是影响电磁波反射率最为重要的因素，测量得到的误差对 n_e 影响较小，因而 CRM 方法可以满足等离子体隐身研究对参数诊断的要求。

4.4　径向基函数网络简化碰撞-辐射模型诊断

径向基函数（radial basis function，RBF）网络是最早由 Broomhead 和 Lowe 建立的以径向基函数为网络传递函数的一种人工神经网络，具有单隐层的三层前馈网络结构，已被证明可以任意精度逼近任意连续函数，且目前已经被应用于函数近似、时间序列预测、分类和系统控制等领域。

4.4.1　径向基函数网络结构及学习过程

径向基函数网络传递函数原型为

$$f_{RBF}(n) = \exp(-n^2) \tag{4.12}$$

图 4.8(a) 为径向基函数曲线，图 4.8(b) 为径向基函数网络的神经元模型示意图。在网络计算中，径向基函数网络传递函数的自变量取权值向量和输入向量之间的距离乘以阈值，在图 4.8(b) 中距离用 $\|dis\|$ 来表示。

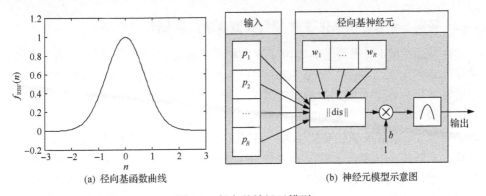

(a) 径向基函数曲线　　　　(b) 神经元模型示意图

图 4.8　径向基神经元模型

从式 (4.12) 可以看出，在 $[0,\infty)$ 区间，$f_{RBF}(n)$ 是一个单调递减函数，只有当 $n=0$ 时，$f_{RBF}(n)$ 才能取得最大值 1。图 4.8(b) 中 b 为阈值，用于调整神经元的灵敏度。

为将径向基函数网络应用于 CRM 诊断，利用径向基神经元和线性神经元建立广义回归神经网络（generalized regression neural network，GRNN），其基本结构如图 4.9 所示，图中 LW（layer weight）表示隐层到输出的权重。

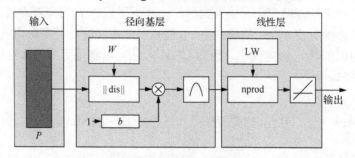

图 4.9　广义回归神经网络

设输入向量 $P = [p_1, p_2, \cdots, p_R]^T$，第 i 个径向基神经元的权值向量为 $W_i = [w_{i,1}, w_{i,2}, \cdots, w_{i,R}]$，阈值为 b_i，则其径向基函数输入 In_i 和输出 Out_i 分别为

$$\text{In}_i = b_i \sqrt{\sum_{j=1}^{R} (w_{i,j} - p_j)^2}, \quad i = 1, 2, \cdots, R \tag{4.13}$$

$$\text{Out}_i = \exp(-\text{In}_i^2) = \exp\left\{ -\left[b_i \sqrt{\sum_{j=1}^{R} (w_{i,j} - p_j)^2} \right]^2 \right\} \tag{4.14}$$

在实际计算中，往往取 $C = \sqrt{\ln(0.5) / b}$，称 C 为扩展常数。

4.4.2　径向基函数网络简化碰撞-辐射模型诊断方案设计

在利用 CRM 对等离子体的电子密度和电子温度（2 个参数）进行诊断时，主要关注的是氩原子 2p 能级（2p10～2p1，10 个参数）上的布居分布，即利用等离子体参数和布居分布参数值之间的对应关系。因此，针对这种对应关系，可以有两种网络训练方案，其示意图如图 4.10 所示。

方案 1：以等离子体参数值为网络输入，即建立的网络为"2 输入-10 输出"结构。在等离子体参数诊断区间内利用 CRM 计算出相应参数条件下的各能级布居分布值，组成"参数-分布"集（称为 Par-Pop 集），以 Par-Pop 集作为训练样本，对网络进行训练，可得到以等离子体参数为输入的径向基函数网络。当需要对等离子体进行诊断时，指定等离子体参数，通过网络得到氩原子 2p 能级布居分布，将其与待测数据进行比较，即可获取相应的参数。整个诊断流程与正常使用 CRM 进行诊断完全一样，只是不再需要频繁解算速率平衡方程，解算结果直接由训练完成的径向基函数网络给出，从而简化了诊断过程，提高了诊断效率。

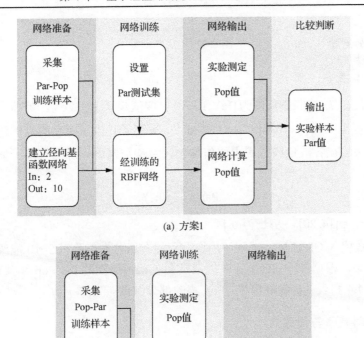

(a) 方案1

(b) 方案2

图 4.10　用于碰撞-辐射模型诊断的径向基函数网络

　　方案 2：以布居分布为输入，建立"10 输入-2 输出"网络结构。与方案 1 相对应，方案 2 利用 Par-Pop 集作为训练样本对网络进行训练。然后将待测样本的布居分布输入训练好的网络，即可得到相应的等离子体参数。

　　从图 4.10 可以看出，方案 2 相对于方案 1 的优势在于通过训练完成的网络，以待测样本的布居分布为输入直接就可以得到相应的等离子体参数，而不用再比较网络输出和样本的差异。但是因为从实验测得的光谱数据中统计得到的 2p 能级布居分布值与采样时间等因素有关，其具体值并不具有参考性，在实际使用中也都是用各能级分布的比值来进行计算。方案 1 因为得到的是氩原子 2p 能级布居分布，可直接用于计算比值；而对于方案 2，实验统计值和训练样本值之间并没有直接的联系，因而将实验统计值输入网络往往不能得到想要的结果。因而在对方案 2 的网络进行训练以及使用训练好的网络进行计算时，需要对布居分布值进行比例变换或等比例的归一化处理。

4.4.3　算例分析

1. 样本准备

电子温度 T_e 的取值范围为 [1eV,19eV]，取值步长为 0.2eV。等离子体电子密度 n_e 的取值范围为 $[1\times10^{14}\,\mathrm{m}^{-3},1\times10^{20}\,\mathrm{m}^{-3}]$。等离子体电子密度的范围跨越数个数量级，为保证在各数量级范围内取值均匀，将参与网络训练的等离子体电子密度值取对数，即

$$\mathrm{Par}_{ne} = \lg(n_e) \tag{4.15}$$

式中，$\mathrm{Par}_{ne} \in [14,20]$，步长为 0.1。

将参数代入 CRM 进行求解，并将得到的布居分布值除以 2p10 能级的分布值作为 Pop 集。根据 T_e 和 Par_{ne} 的取值范围和步长，得到的 Par-Pop 集共有 5551 组数据。表 4.4 和表 4.5 给出了 Par-Pop 集的部分数据。

2. 网络建立与训练

根据 4.4.2 节描述的两个方案分别建立 GRNN。

1) 方案 1 网络

根据输入输出关系，建立的网络输入层神经元个数为 2，输出层神经元个数为 10。建立如图 4.9 所示的 GRNN，在确定扩展常数 C 以后，使用 Par-Pop 集进行训练。由于扩展常数 C 对网络训练的精度有很大的影响，分别考察 C 为 0.1、0.3、0.5、0.8、1 时网络的训练结果。

图 4.11 给出了当 Par_{ne}=17.1，$T_e \in [11eV,15eV]$、取值步长为 1eV 时，在 2p3 能级和 2p5 能级上，网络输出对训练样本的贴合情况。

表 4.4　Par 集部分数据

编号	Par_{ne}	T_e/eV	编号	Par_{ne}	T_e/eV
1	16.6	6	11	17.6	16
2	16.6	7	12	17.6	17
3	16.6	8	13	17.6	18
4	16.6	9	14	17.6	19
5	16.6	10	15	17.7	1
6	17.1	11	16	18.2	2
7	17.1	12	17	18.2	3
8	17.1	13	18	18.2	4
9	17.1	14	19	18.2	5
10	17.1	15	20	18.2	6

表 4.5　Pop 集部分数据

编号	2p10	2p9	2p8	2p7	2p6	2p5	2p4	2p3	2p2	2p1
1	1	1.9065	0.6735	0.2113	0.5914	0.0762	0.2899	0.4308	0.1402	0.1357
2	1	1.7618	0.6748	0.2164	0.6147	0.0801	0.2989	0.4332	0.1454	0.1467
3	1	1.6656	0.6759	0.2216	0.6348	0.0834	0.3062	0.4349	0.1509	0.1558
4	1	1.5948	0.6756	0.2255	0.6498	0.086	0.3106	0.4354	0.1561	0.1641
5	1	1.542	0.6754	0.2285	0.6614	0.0882	0.3136	0.4354	0.1603	0.1715
6	1	1.3017	0.7089	0.266	0.7812	0.1087	0.3531	0.5175	0.2124	0.2193
7	1	1.2869	0.7118	0.27	0.7888	0.1114	0.3555	0.5203	0.2175	0.2268
8	1	1.2751	0.7144	0.2734	0.7951	0.1138	0.3575	0.5228	0.2221	0.2335
9	1	1.2657	0.7167	0.2763	0.8004	0.1158	0.3592	0.5251	0.2261	0.2394
10	1	1.2579	0.7188	0.2789	0.8049	0.1176	0.3607	0.5271	0.2296	0.2446
11	1	1.2764	0.8552	0.3705	0.9156	0.1645	0.431	0.7763	0.3161	0.3374
12	1	1.2735	0.8576	0.3729	0.9176	0.1665	0.4321	0.7798	0.3187	0.3423
13	1	1.271	0.8597	0.375	0.9195	0.1682	0.4332	0.783	0.321	0.3467
14	1	1.2688	0.8616	0.377	0.921	0.1698	0.4341	0.7859	0.323	0.3506
15	1	1.0309	0.5223	0.215	0.4699	0.0719	0.1766	0.5001	0.1436	0.077
16	1	2.1251	0.8419	0.2834	0.6762	0.072	0.2849	0.822	0.1821	0.0817
17	1	1.7099	0.9247	0.3397	0.829	0.1119	0.4016	0.9732	0.2479	0.1739
18	1	1.5306	0.9599	0.381	0.9004	0.1452	0.4419	1.0718	0.2933	0.2606
19	1	1.4485	0.9884	0.4126	0.9375	0.1712	0.4611	1.1485	0.3272	0.3266
20	1	1.4011	1.0055	0.4337	0.9584	0.1897	0.4711	1.2011	0.349	0.3733

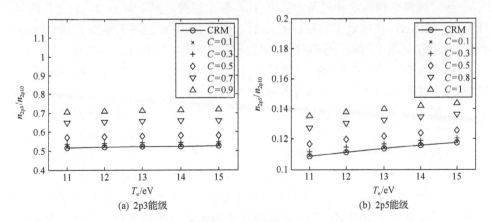

图 4.11　网络输出对训练样本的贴合情况

由图 4.11 可以看出，在 2p3 能级和 2p5 能级上，扩展常数 C 越小，网络输出与样本值之间的差异越小，在其他能级上也可以得到相同的结论。

图 4.12 给出了 $\mathrm{Par}_{ne} \in [15,16]$、$T_e=2\mathrm{eV}$ 时网络在 2p5 能级上的输出情况。

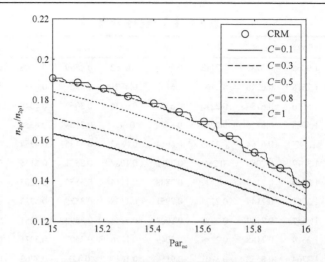

图 4.12　扩展常数对网络输出的影响

可以看到，扩展常数 C 越小，网络输出与 CRM 解算值之间的偏离越小。但是当扩展常数过小时，网络存在对样本点逼近准确，对样本之间的值却不平滑的问题，如图 4.12 中 C=0.1 时，网络虽然对输入样本跟踪很好，但对于非样本输入，输出呈阶梯状，与实际情况相悖。

综合考虑网络对样本的逼近性和网络输出的平滑性，使用方案 1 时考虑设置 C=0.3。

2）方案 2 网络

建立的网络输入层神经元个数为 10，输出层神经元个数为 2。建立如图 4.9 所示的 GRNN，在确定扩展常数 C 以后，使用 Pop-Par 集进行训练。通过训练，可以发现方案 2 采用径向基函数网络输出的值与样本值有较大的误差，利用方案 1 得到的结论，采用较小的扩展常数。设定 C=0.1，图 4.13 给出了网络对采用随机遍历方法取出的 100 个训练样本的贴合情况。

由图 4.13 可以看到在使用方案 1 时已经可以很好地逼近样本数据的扩展常数值。在方案 2 中计算时却产生了误差，特别是 T_e 值，网络输出与样本实际值偏差最大超过 6eV。产生如此大误差的原因可以从 4.3.2 节找到解释，各样本数据之间过于相近会对网络训练产生较大影响。可以看到，Par_{ne} 的判断较为准确，其误差值大多数控制在 0.05 以内，最大误差不超过 0.2。因此，为解决 T_e 值误差过大的问题，可建立一个新的 GRNN，将诊断得到的 n_e 附近的样本点重新作为训练样本对新网络进行训练。以 Par_{ne}=16，$T_e \in [1eV, 19eV]$、取值步长为 1eV 为例，图 4.14 给出了新网络的输出结果和样本值间的误差。可以看到新网络误差明显减小，Par_{ne} 仅在 T_e=1eV 时产生约 0.01 的误差，而 T_e 在 T_e>13eV 以后产生误差，且普遍误差不超过 0.1eV，仅在 T_e=19eV 时产生 0.2eV 的误差。

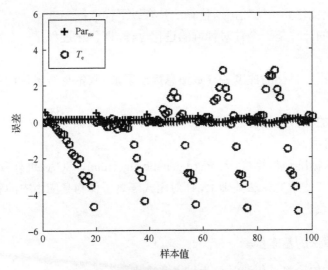

图 4.13　网络输出和样本值间的误差

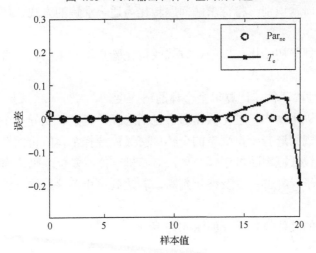

图 4.14　两次训练后的网络输出结果和样本值间的误差

综合以上分析，为提高诊断精度，采用方案 2 进行诊断时需要进行多步网络训练。

4.5　遗传算法应用于等离子体参数计算

4.5.1　遗传算法概述

遗传算法是由 Holland 教授在 1975 年基于生物进化过程中选择、交叉和变异机制提出的一种随机优化搜索算法，是进化算法领域最为基础和应用最为广泛的算法。与传统优化算法比较，遗传算法具有以下优点：

（1）算法的计算是一个针对种群的进化过程，即优化过程是一个针对多点的广泛搜索过程；

（2）算法不对目标的梯度和导数信息提出要求，其本身对于目标和约束具有良好的宽容性；

（3）算法的种群优化特点使得各个体的计算是一个相对独立的过程，这使得算法具有并行可能。

本节采用标准遗传算法（standard genetic algorithm，SGA）进行参数诊断计算，6.1 节将在本节使用的算法基础上，针对闭式等离子体隐身应用中的参数优化问题对 SGA 进行改进。

4.5.2　遗传算法的基本步骤

遗传算法的计算过程通常分为以下几个步骤。

步骤 1：问题识别。将待求解问题转化为适合求解的方式，如数学模型、目标函数等。

步骤 2：种群初始化。以随机方式或按先验知识产生初代种群，种群个体通常表现为二进制编码形式。

步骤3：种群评估。计算每个个体的适应度。

步骤 4：进化操作。进化操作通常包括选择、交叉、变异三个步骤。选择：按预定的随机规则选择一定数量的个体；交叉：选择个体随机两两交换部分编码段；变异：以较低概率随机选择个体，对随机一位或多位编码位作取反操作。

步骤 5：子代种群产生及终止判断，若达到终止条件，输出结果；否则，转步骤3。

遗传算法的具体执行过程如图 4.15 所示。

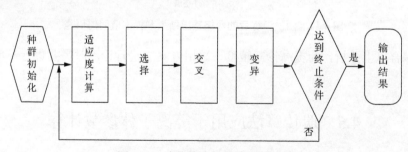

图 4.15　遗传算法的具体执行过程

4.5.3 问题定义

CRM 可以在给定 T_e 和 n_e 的情况下，获取各能级的粒子分布。为了准确获取与实验测量得到的光谱数据相对应的等离子体参数，通常需要测试大量的 T_e 和 n_e 的组合，时间开销较大，同时也可能由于计算步长的关系，限制了求解的精度。在此给出一种基于遗传算法的参数求解方法。

CRM 的解算可看成如式(4.16)所示的函数求解问题：

$$(n_{2p1}, n_{2p2}, \cdots, n_{2p10}) = f_{CRM}(T_e, n_e) \tag{4.16}$$

将式(4.11)和式(4.16)联立，求取式(4.11)的最小值即可作为计算的目标函数。同 4.4.3 节第 1 部分一样，由于 n_e 的取值范围包含了几个数量级，为保证计算编码在计算空间内分布均衡，不直接采用 n_e 值，在计算编码和 n_e 值间进行指数变换，即

$$n_e = \exp(x_{ne}) \tag{4.17}$$

4.5.4 算例分析

设定种群大小 N=200，选择遗传数为 160，选择策略为轮盘赌选择，变异概率 P_m=0.05，T_e 的取值范围为 [0eV, 20eV]，n_e 的取值范围为 [$\exp(36.84)\,\mathrm{m}^{-3}$, $\exp(43.75)\,\mathrm{m}^{-3}$]。

适应度进化曲线如图 4.16 所示。

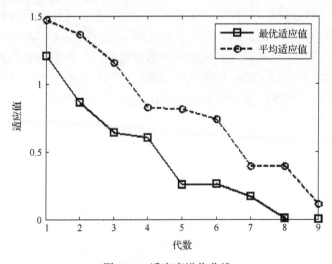

图 4.16 适应度进化曲线

经计算可以得到 T_e=1.13eV，n_e=3.741×10^{17}m^{-3}。

通过 CRM 计算得到电子密度的 2p 能级布居分布如图 4.17 所示。

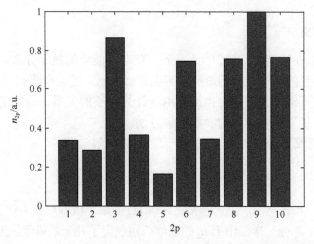

图 4.17   通过 CRM 计算所得电子密度的 2p 能级布居分布

4.6   本 章 小 结

对等离子体参数特别是等离子体电子密度分布的快速准确诊断,是了解闭式
腔体内的等离子体状态,从而实现对其参数进行有针对性的调整的基础。本章立
足于现有实验设备条件,研究了利用 CRM 对中等气压下闭式等离子体放射光谱
进行诊断的方法。通过解算放电粒子各过程的平衡方程,获取等离子体电子温度
和电子密度,同时对模型解算的误差进行了分析。为了简化诊断过程,将智能算
法应用于等离子体的参数诊断,提出了径向基函数网络与 CRM 相结合的等离子
体诊断方法,研究了径向基函数网络的参数设置要求。为进一步提高诊断效率,
提出了用遗传算法代替 CRM 的参数测试迭代过程的快捷诊断方法。本章的研究
可以为闭式等离子体发生器的参数快速诊断提供方法支持。

第5章 闭式透波腔等离子体对电磁波作用规律及隐身参数优化研究

Maxwell 方程是描述电磁波在等离子体中传播的基本方程。通过 Maxwell 方程可以推导出等离子体中电磁波传播的波动方程、边界处的边值关系等。由于等离子体中的离子和电子是非束缚的关系，因而表现出许多不同于普通介质的特性。本章基于 Maxwell 方程建立针对非均匀等离子体对电磁波作用的分层计算模型，并分析不同分布情形下的电磁波反射率差异，在此基础上立足于等离子体发生器能耗约束建立非线性优化问题，提出采用遗传算法进行寻优计算以获取最优等离子体参数的方法。

5.1 等离子体对电磁波的分层计算模型

5.1.1 弱电离等离子体的色散关系

在等离子体中传播的电磁波，其磁场会与等离子体中的电子和离子发生作用。等离子体中的带电粒子在波的电磁场作用下会改变运动状态，而带电粒子的运动又对波的电磁场分量产生影响，从而改变等离子体内的电磁波传播状态。一般假设入射电磁波为小幅振动，等离子体可视作特殊的色散介质。

等离子体在宏观上呈电中性，因而其内部电磁场满足的 Maxwell 方程可表示为

$$
\begin{cases}
\nabla \times E = -\dfrac{\partial B}{\partial t} \\[2mm]
\nabla \times H = \dfrac{\partial D}{\partial t} \\[2mm]
\nabla \cdot D = 0 \\[2mm]
\nabla \cdot B = 0
\end{cases}
\tag{5.1}
$$

式中

$$
\begin{cases}
\dfrac{\partial D}{\partial t} = \varepsilon_0 \dfrac{\partial E}{\partial t} + J_{\mathrm{r}} \\[2mm]
D = \varepsilon_0 \varepsilon_{\mathrm{r}} E \\[2mm]
B = \mu_0 \mu_{\mathrm{r}} H
\end{cases}
\tag{5.2}
$$

$\varepsilon_0 = 8.854 \times 10^{-12} \text{F/m}$ 为真空中的介电常数；$\mu_0 = (\varepsilon_0 c^2)^{-1}$ 为真空中的磁导率；ε_{r} 为介质的相对介电常数；μ_{r} 为介质的相对磁导率，对于一般具有导电性能的材料，$\mu_{\mathrm{r}} \approx 1$，因而 $B \approx \mu_0 H$。

由 Maxwell 方程可以得到波动方程：

$$\nabla(\nabla \cdot E) - \nabla^2 E = -\frac{\varepsilon_{\mathrm{r}}}{c^2} \frac{\partial^2 E}{\partial t^2} \tag{5.3}$$

由 $\nabla \cdot E = 0$ 可得

$$\nabla^2 E = \frac{\varepsilon_{\mathrm{r}}}{c^2} \frac{\partial^2 E}{\partial t^2} \tag{5.4}$$

可解得

$$E = E_0 \cdot \mathrm{e}^{\mathrm{j}(\omega t - kr)} \tag{5.5}$$

式中，ω 为电磁波角频率；k 表示电磁波在等离子体中传播的色散关系：

$$k^2 = \frac{\omega^2}{c^2} \varepsilon_{\mathrm{r}} \tag{5.6}$$

在碰撞等离子体中，式 (5.6) 中的 k 一般表示为如下复数形式：

$$k = k_{\mathrm{r}} - k_{\mathrm{i}} i \tag{5.7}$$

式中，k_{r} 为相位系数；k_{i} 为衰减系数。

在弱电离非磁化等离子体条件下，通常忽略离子的运动而只考虑电子与中性粒子的碰撞，此时电子的运动方程为

$$m_{\mathrm{e}} \frac{\partial v_{\mathrm{e}}}{\partial t} = -eE - m_{\mathrm{e}} v_{\mathrm{e}} \nu \tag{5.8}$$

式中，$m_{\mathrm{e}} = 9.11 \times 10^{-31} \text{kg}$ 为电子质量；v_{e} 为电子运动速度；ν 为等离子体中的电子碰撞频率。通过式 (5.8) 可得

$$v_{\mathrm{e}} = -\frac{eE}{m_{\mathrm{e}}(\nu + \mathrm{j}\omega)} \tag{5.9}$$

等离子体的电流密度 J 的表达式为

$$J = -en_{\mathrm{e}} v_{\mathrm{e}} = \sigma_{\mathrm{p}} E \tag{5.10}$$

将式 (5.10) 代入式 (5.9)，可得

$$\sigma_{\mathrm{p}} = \frac{n_{\mathrm{e}} e^2}{m_{\mathrm{e}}(\nu + \mathrm{j}\omega)} = \frac{\varepsilon_0 \omega_{\mathrm{pe}}^2}{\nu + \mathrm{j}\omega} \tag{5.11}$$

式中，ω_{pe} 为等离子体电子振荡角频率，可通过式 (3.17) 得到，由 $\sigma_{\mathrm{p}} = \mathrm{j}\omega\varepsilon_0(\varepsilon_{\mathrm{r}} - 1)$ 可得

$$
\begin{aligned}
\varepsilon_{\mathrm{r}} &= 1 - \frac{\mathrm{j}\sigma_{\mathrm{p}}}{\omega\varepsilon_0} = 1 - \frac{\mathrm{j}\omega_{\mathrm{pe}}^2}{(\nu + \mathrm{j}\omega)\omega} = 1 - \frac{\omega_{\mathrm{pe}}^2(\nu\mathrm{j} + \omega)}{(\nu^2 + \omega^2)\omega} \\
&= 1 - \frac{\omega_{\mathrm{pe}}^2}{\omega^2 + \nu^2} - \frac{\omega_{\mathrm{pe}}^2 \nu \mathrm{j}}{(\omega^2 + \nu^2)\omega}
\end{aligned}
\tag{5.12}
$$

等离子体频率也称为朗缪尔频率，其定义为

$$\omega_{\mathrm{p}}^2 = \omega_{\mathrm{pe}}^2 + \omega_{\mathrm{pi}}^2 \tag{5.13}$$

式中，ω_{pi} 为离子振荡频率，表达式为

$$\omega_{\mathrm{pi}} = \sqrt{\frac{n_{\mathrm{i}} e^2}{m_{\mathrm{i}} \varepsilon_0}} \tag{5.14}$$

其中，n_{i} 为等离子体的离子密度；m_{i} 为离子质量，由于 $m_{\mathrm{i}} \gg m_{\mathrm{e}}$，离子振荡相较于电子振荡属于低频振荡，有 $\omega_{\mathrm{pi}} \ll \omega_{\mathrm{pe}}$，因而通常近似地认为等离子体频率 $\omega_{\mathrm{p}} \approx \omega_{\mathrm{pe}}$。

令 $k_0 = \dfrac{\omega}{c}$，由式 (5.6)~式 (5.14) 可得

$$k_{\mathrm{r}} = k_0 \cdot \left[\frac{1}{2}\left(1 - \frac{\omega_{\mathrm{p}}^2}{\omega^2 + \nu^2}\right) + \frac{1}{2}\sqrt{\left(1 - \frac{\omega_{\mathrm{p}}^2}{\omega^2 + \nu^2}\right)^2 + \left(\frac{\omega_{\mathrm{p}}^2}{\omega^2 + \nu^2}\frac{\nu}{\omega}\right)^2} \right]^{\frac{1}{2}} \tag{5.15}$$

$$k_{\mathrm{i}} = k_0 \cdot \left[-\frac{1}{2}\left(1 - \frac{\omega_{\mathrm{p}}^2}{\omega^2 + \nu^2}\right) + \frac{1}{2}\sqrt{\left(1 - \frac{\omega_{\mathrm{p}}^2}{\omega^2 + \nu^2}\right)^2 + \left(\frac{\omega_{\mathrm{p}}^2}{\omega^2 + \nu^2}\frac{\nu}{\omega}\right)^2} \right]^{\frac{1}{2}} \tag{5.16}$$

5.1.2　分层计算模型

在分析非均匀的等离子体对电磁波的作用时，采用分层计算的方法能够在简化计算过程的同时，仍能获得较高精度的结果。将封闭式腔体内的等离子体分为多层，

每层内等离子体密度为均匀分布。电磁波入射到等离子体层，在几何光学近似条件下，可认为电磁波在等离子体中的传输相当于在多层介质中的传输，在每一层中只考虑一次反射，忽略腔体层和二次反射的影响，计算模型示意图如图 5.1 所示。

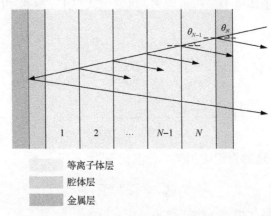

图 5.1　电磁波在闭式等离子体中的传播

由菲涅耳公式，可得出功率反射率。

(1) 电磁波的电场分量平行于入射面时的功率反射率为

$$R_{\mathrm{p}} = \left| \frac{\tan(\theta_0 - \theta_1)}{\tan(\theta_0 + \theta_1)} \right|^2 = \left| \frac{\varepsilon_{\mathrm{r}} \cos\theta_0 - \sqrt{\varepsilon_{\mathrm{r}} - \sin\theta_0}}{\varepsilon_{\mathrm{r}} \cos\theta_0 + \sqrt{\varepsilon_{\mathrm{r}} - \sin\theta_0}} \right|^2 \tag{5.17}$$

(2) 电磁波的电场分量垂直于入射面时的功率反射率为

$$R_{\mathrm{v}} = \left| \frac{\sin(\theta_0 - \theta_1)}{\sin(\theta_0 + \theta_1)} \right|^2 = \left| \frac{\cos\theta_0 - \sqrt{\varepsilon_{\mathrm{r}} - \sin\theta_0}}{\cos\theta_0 + \sqrt{\varepsilon_{\mathrm{r}} - \sin\theta_0}} \right|^2 \tag{5.18}$$

式中，θ_0 和 θ_1 分别为电磁波入射到等离子体的入射角和折射角，存在如下关系：

$$\frac{\sin\theta_0}{\sin\theta_1} = \sqrt{\varepsilon_{\mathrm{r}}} \tag{5.19}$$

考虑各层等离子体为均匀的，第 n 层等离子体的反射率为

$$R_{\mathrm{R}}(n) = \left| \left[\varepsilon_{\mathrm{r}}(n-1)\cos\theta_{n-1} - \sqrt{\varepsilon_{\mathrm{r}}(n-1)\varepsilon_{\mathrm{r}}(n) - \varepsilon_{\mathrm{r}}^2(n-1)\sin\theta_{n-1}} \right] \right.$$

$$\left. \cdot \left[\varepsilon_{\mathrm{r}}(n-1)\cos\theta_{n-1} + \sqrt{\varepsilon_{\mathrm{r}}(n-1)\varepsilon_{\mathrm{r}}(n) - \varepsilon_{\mathrm{r}}^2(n-1)\sin\theta_{n-1}} \right]^{-1} \right| \tag{5.20}$$

第 n 层等离子体的传输率为

$$C_{\mathrm{T}}(n) = \exp(-2k_{\mathrm{i}}d(n)) \tag{5.21}$$

式中，$d(n)$ 为第 n 层等离子体的厚度。

设等离子体被分为 N 层，在满足模型假设的条件下，可得到密闭腔体内非均匀等离子体的广义反射率为

$$R = \left| R_R(1) \right| + \sum_{i=2}^{N} \left| R_R(i) \right| \prod_{j=1}^{i-1} (1 - \left| R_R(j) \right|) \left| C_T(j) \right| + \left(\prod_{i=1}^{N} (1 - \left| R_R(i) \right|) \left| C_T(i) \right| \right)^2 \quad (5.22)$$

5.2　典型非均匀分布情形下等离子体对电磁波的影响

取等离子体层厚度 $d=2\text{cm}$，将等离子体分为 1000 层，电子碰撞频率 ν 参考低空大气中低温等离子体的有效电子碰撞频率，用式(5.23)进行计算：

$$\nu = 2.3 \times 10^{-14} \omega_p^2 \cdot T \quad (5.23)$$

考虑如下三种典型的等离子体分布形式。

线性分布：

$$n_e(i) = n_e(1) \cdot \left(1 - \frac{\sum_{j=1}^{i} d(j)}{d} \right) \quad (5.24)$$

指数分布：

$$n_e(i) = n_e(1) \cdot \exp\left(-\frac{5 \cdot \sum_{j=1}^{i} d(j)}{d} \right) \quad (5.25)$$

Epstein 分布：

$$n_e(i) = n_e(1) \cdot \left\{ 1 + \exp\left[\frac{\sum_{j=1}^{i} d(j) - \dfrac{d}{2}}{\sigma} \right] \right\}^{-1} \quad (5.26)$$

在计算中取 $\sigma = \dfrac{d}{10}$。

三种等离子体分布情况如图 5.2 所示。

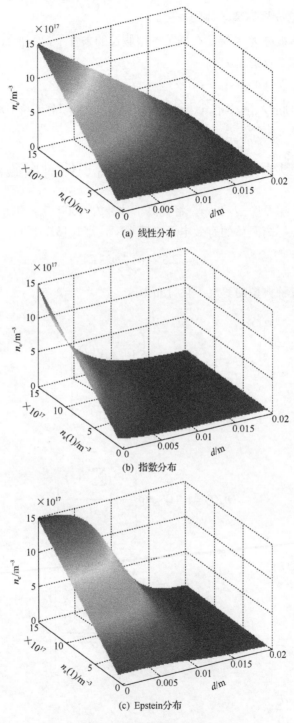

(a) 线性分布

(b) 指数分布

(c) Epstein分布

图 5.2　典型等离子体分布

1. 线性分布

图 5.3 给出了在电磁波入射角 θ 为 0°、15°、30°、45°，电磁波频率为 0.2~20GHz，等离子体呈线性分布，$n_e(1)$ 为 $1\times10^{17} \sim 1.5\times10^{18}\,\mathrm{m}^{-3}$ 时的反射率。

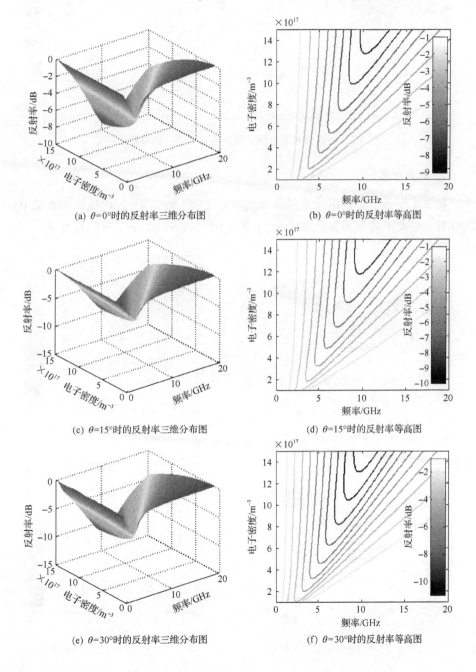

(a) θ=0°时的反射率三维分布图　　　　(b) θ=0°时的反射率等高图

(c) θ=15°时的反射率三维分布图　　　(d) θ=15°时的反射率等高图

(e) θ=30°时的反射率三维分布图　　　(f) θ=30°时的反射率等高图

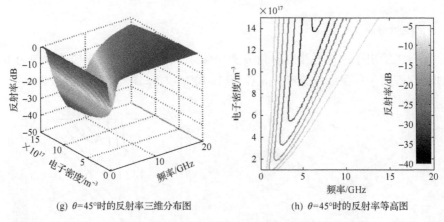

(g) θ=45°时的反射率三维分布图　　　(h) θ=45°时的反射率等高图

图5.3　线性分布下电磁波反射率与等离子体参数的关系

2. 指数分布

图 5.4 给出了在电磁波入射角 θ 为 0°、15°、30°、45°，电磁波频率为 $0.2\sim$ 20GHz，等离子体呈指数分布，$n_e(1)$ 为 $1\times10^{17}\sim1.5\times10^{18}\,\mathrm{m}^{-3}$ 时的反射率。

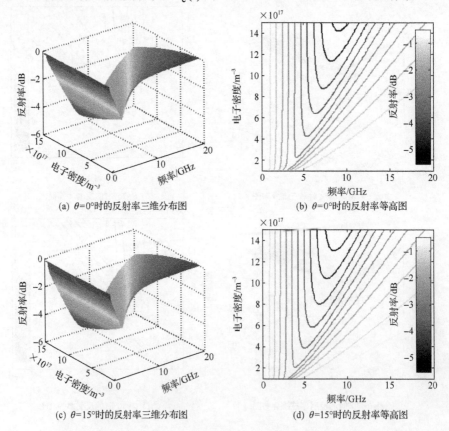

(a) θ=0°时的反射率三维分布图　　　(b) θ=0°时的反射率等高图

(c) θ=15°时的反射率三维分布图　　　(d) θ=15°时的反射率等高图

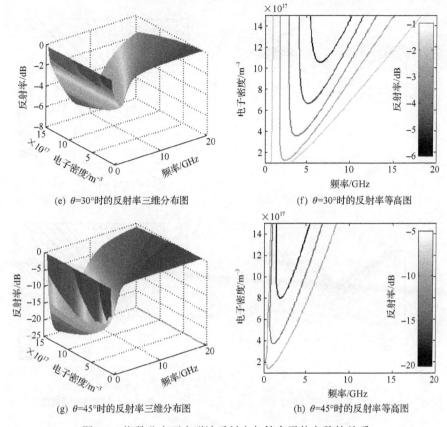

(e) θ=30°时的反射率三维分布图　　　　(f) θ=30°时的反射率等高图

(g) θ=45°时的反射率三维分布图　　　　(h) θ=45°时的反射率等高图

图 5.4　指数分布下电磁波反射率与等离子体参数的关系

3. Epstein 分布

图 5.5 给出了在电磁波入射角 θ 为 0°、15°、30°、45°，电磁波频率为 0.2～20GHz，等离子体呈 Epstein 分布，$n_e(1)$ 为 $1\times10^{17}\sim1.5\times10^{18}\,\mathrm{m}^{-3}$ 时的反射率。

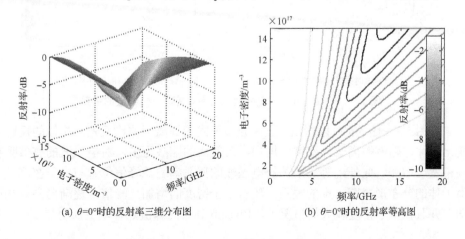

(a) θ=0°时的反射率三维分布图　　　　(b) θ=0°时的反射率等高图

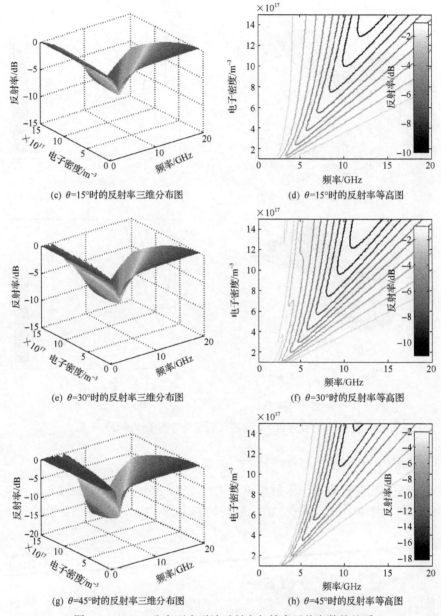

(c) θ=15°时的反射率三维分布图　　　　　(d) θ=15°时的反射率等高图

(e) θ=30°时的反射率三维分布图　　　　　(f) θ=30°时的反射率等高图

(g) θ=45°时的反射率三维分布图　　　　　(h) θ=45°时的反射率等高图

图 5.5　Epstein 分布下电磁波反射率与等离子体参数的关系

从图 5.3～图 5.5 可以看出，三种分布形式的等离子体均反映出相似的反射率变化规律，随着等离子体密度的增加，反射率的缩减更多，对电磁波的有效吸收频带宽度增加。此外，等离子体对电磁波的反射率缩减峰值位置与电子密度及等离子体的分布形式有一定的关系，随着电子密度的增加，峰值点逐渐向高频端移动，并且在电子密度较大的情况下，Epstein 分布的峰值点移动更加明显。

5.3　封闭腔体内等离子体对电磁波的影响

等离子体在封闭腔体内的分布有不同于开放空间的等离子体分布的特点，主要表现为：

（1）等离子体与外部空间有明显的分界面；

（2）等离子体内层密度和外层密度差异较小；

（3）由于壁面的存在、腔体构型及局部气压气流差异，等离子体密度变化趋势并不像以上三种分布呈现规律性变化。

在此以一种腔体内部厚度为 2cm 的闭式等离子体发生器为研究对象，针对实验的采样点计算电子密度并采用 4 次多项式拟合，得到腔体内部密度的近似分布为

$$
\begin{aligned}
n_e(x) = & -4.606 \times 10^{25} x^4 + 1.951 \times 10^{24} x^3 - 2.694 \times 10^{22} x^2 \\
& + 1.232 \times 10^{20} x + 7.802 \times 10^{16}
\end{aligned}
\tag{5.27}
$$

实验所得电子密度分布点及拟合曲线如图 5.6(a) 所示。计算参数保持不变，通过式 (5.22)，得到反射率如图 5.6(b) 所示。

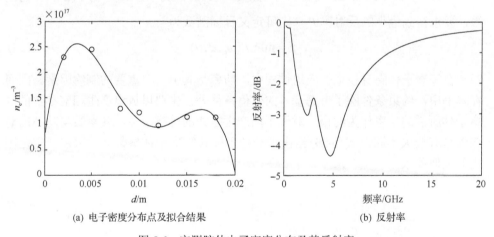

(a) 电子密度分布点及拟合结果　　　　　　(b) 反射率

图 5.6　实测腔体电子密度分布及其反射率

由图 5.6 可以看出，在实测腔体电子密度分布条件下与其他三种典型分布相比，取得相同的缩减极值需要的极值密度更低，此时吸收频带宽度也相对更窄。此外由于在密闭腔体内部密度分布相对均匀，在总体上相对较低的密度情形下，截止频率更小，因而电磁波缩减极值更靠近低频端。

5.4　等离子体参数优化

Shen(2012)通过仿真在肯定了等离子体对电磁波作用效果的同时，提出了缺乏在不同使用条件下确定等离子体参数的有效机制以保证良好隐身效果的问题。文献更进一步基于以下三个方面的认识提出了等离子体参数优化的问题：

(1)等离子体发生器能够获得的能量(对于飞行器隐身，即指机载电源能够提供用于产生等离子体的能量)对目标隐身效果有较大的影响；

(2)存在一个可优化的参数组合以获取等离子体对电磁波的最优作用效果；

(3)在给定的能耗条件下，通过合适的参数组合，仍然能够得到可观的 RCS缩减。

Chaudhury 等(2009)认为等离子体参数的优化仿真能够为有限能耗条件下的等离子体隐身应用提供非常有价值的参考。但由于文献并没有指出如何得到可行的最优参数组合，本节基于 5.1 节建立的等离子体分层计算模型，在考虑能耗约束的情况下，研究针对隐身效果的等离子体参数智能优化方法。

5.4.1　目标函数及约束条件定义

由式(5.20)~式(5.22)可知，在给定 ω 和 T 的情况下，R 是 ω_p、d 和 θ 的函数，要求得到最小的反射率 R，则可定义目标函数为

$$f = \min R(\omega_p, d, \theta) \tag{5.28}$$

在等离子体隐身技术的应用过程中，功率是其中一个重要的制约因素。因而在本书中，约束条件除了考虑基本的数值条件外，主要以放电产生相应参数的等离子体所需的功率作为约束。对于不同产生方式的等离子体，其参数与功率的对应关系有较大不同，式(5.29)给出了一种平板式等离子体参数与功率在一定范围内的近似关系：

$$P = P_{\mathrm{f}}m + P_{\mathrm{d}}n$$
$$m = if_{\mathrm{p}}^2, \quad n = jd \tag{5.29}$$

式中，f_{p} 用以反映最底层等离子体的密度。在 $d \in [0.005\mathrm{m}, 0.035\mathrm{m}]$、$f_{\mathrm{p}} \in [7\times10^9\mathrm{Hz},$ $11\times10^9\mathrm{Hz}]$ 时，$P_{\mathrm{d}} = 4342.3\mathrm{W}$，$P_{\mathrm{f}} = 3.6214\times10^{-18}\mathrm{W}$。

5.4.2　扩展拉格朗日遗传算法解决非线性优化问题

式(5.22)、式(5.28)和式(5.29)说明等离子体参数对于雷达波反射率的影响，可以处理为一个非线性的函数优化问题。非线性优化问题的一般形式为

$$
\begin{aligned}
&\min_{x}\ f(x)\\
&\text{s.t.}\quad C_i(x)\leqslant 0,\quad i=1,2,\cdots,m\\
&\qquad\ \ C_i(x)=0,\quad i=m+1,m+2,\cdots,n\\
&\qquad\ \ Ax\leqslant b\\
&\qquad\ \ A_{\text{eq}}x=b_{\text{eq}}\\
&\qquad\ \ b_{\text{L}}\leqslant x\leqslant b_{\text{U}}
\end{aligned}
\tag{5.30}
$$

式中，$C(x)$ 为非线性约束项。对于这样的非线性优化问题，扩展拉格朗日遗传算法（augmented Lagrangian genetic algorithm，ALGA）采用与线性约束不同的策略来处理其中的非线性约束。根据目标函数和非线性约束条件，如式（5.31）建立改进的适应度函数：

$$
\tilde{f}(x,\lambda,s,\rho)=f(x)-\sum_{i=1}^{m}\lambda_i s_i\lg(s_i-c_i(x))+\sum_{i=m+1}^{n}\lambda_i c_i(x)+\frac{\rho}{2}\sum_{i=m+1}^{n}c_i(x)^2
\tag{5.31}
$$

式中，$\{\lambda\,|\,\lambda_i\geqslant 0,\lambda_i\in\lambda\}$ 为拉格朗日乘子；$\{s\,|\,s_i\geqslant 0,s_i\in s\}$ 为偏移因子；ρ 为惩罚系数。在进行优化计算的过程中，如果改进的适应度能够达到预定的收敛条件，则更新拉格朗日乘子，否则增加惩罚系数，直到整个算法达到迭代终止条件。

步骤 1：按照扩展拉格朗日方法根据目标函数修订适应度函数。

步骤 2：初始化。$k=0$，初始化种群 $A(k)$，种群大小为 N，设定迭代终止条件（最大迭代步数 $\text{gen}_{\max}$ 和收敛精度条件），确定精英个体数量 N_{elite}、选择率 p_{s}、变异率 p_{m}。

步骤 3：精英遗传。计算 $A(k)$ 的适应度，将适应度最大的 N_{elite} 插入 $A(k+1)$。

步骤 4：选择。在 $A(k)$ 中选择 $(N-N_{\text{elite}})\cdot p_{\text{s}}$ 个个体插入 $A(k+1)$，并在 $A(k+1)$ 中补入 $(N-N_{\text{elite}})\cdot(1-p_{\text{s}})$ 个随机个体。

步骤 5：交叉和变异。随机对 $A(k+1)$ 中个体的基因位进行交换，并按照 p_{m} 的概率选择变异个体。

步骤 6：如果未达到迭代终止条件，则 $k=k+1$；否则转步骤 3；

步骤 7：结束计算，输出结果。

5.4.3　优化算例

根据某型 X 波段机载脉冲雷达的参数设定电磁波频率 $f=9.375\text{GHz}$，设定算法参数 $N=200$，$N_{\text{elite}}=2$，$p_{\text{s}}=0.8$，$p_{\text{m}}=0.05$，约束功率 $P=350\text{W}$。封闭腔体内的等离子体分布采用 Epstein 分布，f_{p} 用以反映最底层等离子体的密度。在 $d\in[0.005\text{m},0.035\text{m}]$，$f_{\text{p}}\in[7\times10^9\,\text{Hz},11\times10^9\,\text{Hz}]$ 范围内，$P_{\text{d}}=4342.3\text{W}$，$P_{\text{f}}=$

$3.6214\times10^{-18}\mathrm{W}$。以 θ 来反映等离子体密闭腔体的安装限制，取 $\theta\in[30°,45°]$。

算法经过 9 步迭代，达到终止条件，优化过程中适应度进化曲线如图 5.7 所示。

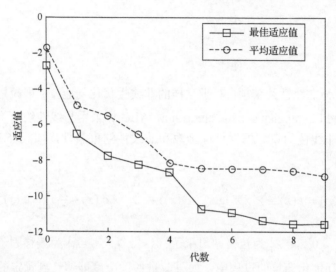

图 5.7　适应度进化曲线 (9 步迭代)

通过计算，获得最优参数为 $f_\mathrm{p}=8.015\mathrm{GHz}$，$d=2.659\mathrm{cm}$，$\theta=30.042°$，此时反射率 R 缩减达到极值11.59dB，约束功率 $P=348.14\mathrm{W}$，最低层等离子体密度 $n_\mathrm{e}=7.9913\times10^{11}\mathrm{cm}^{-3}$。需要指出的是，在采用遗传算法进行参数优化的过程中，计算多次陷入局部最优解中，表 5.1 给出了部分的局部最优解。由图 5.3～图 5.5 可以看出，反射率 R 是一个各参数相对独立的多峰函数，优化计算采用的遗传算法虽然收敛迅速，但作为一种基于较大随机性的进化搜索算法，由于其本身的缺陷，计算易陷入局部最优解中，获得全局最优解相对困难，同时也缺乏对计算结果的评价手段。因而在对等离子体参数进行优化时，必须进一步考虑算法的全局寻优性能。

表 5.1　计算得到的局部最优解

f_p/GHz	d/cm	θ/(°)	R 缩减值/dB
7.729	2.952	32.464	10.363
8.155	2.427	31.660	10.702
8.300	2.235	33.000	10.956
8.593	1.672	34.973	10.169

5.5　雷达波反射率对等离子体参数的敏感性分析

5.5.1　优化算例

以均匀分布的等离子体层为例，在此仅考虑电磁波垂直入射的情况，忽略 θ 的影响。设定温度 $T = 400\text{K}$，电磁波频率 $f = 9.375\text{GHz}$，算法参数 $N = 200$，精英个体数量 $N_{\text{elite}} = 2$，选择率 $p_s = 0.8$，变异率 $p_m = 0.05$，约束功率 $P = 350\text{W}$。在 $d \in [0.008\text{m}, 0.032\text{m}]$，$f_p \in [7.2 \times 10^9\text{Hz}, 11 \times 10^9\text{Hz}]$ 范围内，由于分布与 5.4.3 节不同，P_d 和 P_f 取值也不同，在此取 $P_d = 7822.3\text{W}$，$P_f = 2.5833 \times 10^{-18}\text{W}$。

算法经过 7 步迭代，达到终止条件，优化过程中适应度进化曲线如图 5.8 所示。

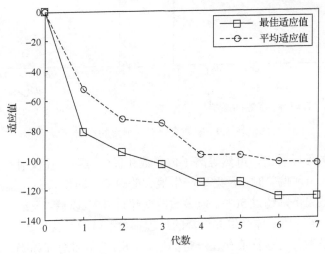

图 5.8　适应度进化曲线（7 步迭代）

通过计算，获得最优参数为 $f_p = 7.728\text{GHz}$，$d = 2.223\text{cm}$，此时反射率 R 缩减达到极值125.76dB，约束功率 $P = 328.2\text{W}$，等离子体密度 $n_e = 7.4296 \times 10^{11}\text{cm}^{-3}$。通过优化计算的结果可以注意到，在满足约束的前提下，本例中使用的等离子体密度小于 5.4.3 节中的核心层等离子体密度，整体厚度也更小，但吸波效果却明显更好。虽然这两个算例中的分布都是在各自的特定环境下取得的，产生这样的等离子体分布的环境可能存在一定不同，但这一计算结果基本能够体现两种分布对电磁波作用效果上的差异。考虑到实际的闭式等离子体分布与均匀分布十分相近，这种差异也在一定程度上反映了闭式等离子体与开放空间等离子体在对电磁波作用上的不同。

5.5.2　优化参数敏感度分析

　　通过遗传算法得到了在一定功耗要求下使得指定频率的雷达波反射率得到最大缩减的等离子体参数。但是在实际的等离子体隐身技术应用中，由于技术水平、放电方式及等离子体本身的稳定维持问题，等离子体参数并不一定能够完美保持在最优点上。参数的漂移必然带来隐身效果的变化，图 5.9 给出了 f_p 和 d 的变化对反射率 R 的影响，图中 $f_{\text{p-opt}}$ 和 d_{opt} 为通过优化计算得到的最优参数。

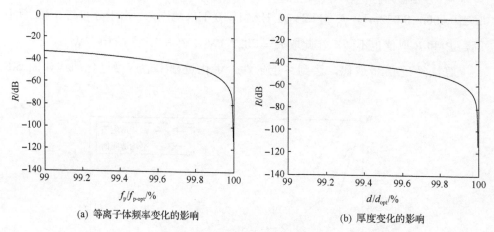

(a) 等离子体频率变化的影响　　　　　　　(b) 厚度变化的影响

图 5.9　参数变化对反射率的影响

　　由图 5.9 可以看出，虽然等离子体参数在优化点可以使反射率得到极大的缩减，但当参数出现偏差时，反射率产生很大的改变，即使 f_p 和 d 仅改变 0.1%，反射率的缩减效果下降超过 50%。但参数改变超过 0.2% 以后，反射率的变化趋于平稳。事实上，在等离子体产生并维持的过程中，不可能对其参数进行精确的控制，更多的情况是参数与最优值存在一定的偏差，6.1.5 节将对非精确条件下的参数优化方法进行讨论。

5.6　本 章 小 结

　　本章基于 Maxwell 方程建立针对非均匀等离子体对电磁波作用的分层计算模型，计算了各种典型分布情形下的电磁波反射率，比较了闭式等离子体分布情形下与典型分布情形下等离子体对电磁波影响的不同。在此基础上针对等离子体发生器在飞行器隐身的实际使用中可能存在的能耗限制问题，建立了相应的非线性优化问题，提出了采用扩展拉格朗日遗传算法进行寻优计算以获取最优等离子体参数的方法。在计算等离子体最优参数的同时，分析了等离子体对电磁波作用对于其参数的敏感度问题。

第6章 等离子体隐身参数优化仿真方法的改进

等离子体对电磁波的作用规律可视作一个关于等离子体参数的多峰函数，常规的寻优方法很难在计算的准确性和收敛速度之间取得平衡，同时由于隐身效果对等离子体参数的敏感性，如果不能精确调整控制参数，优化效果将受到较大影响。本章将免疫机制和动态更新机制引入基本遗传算法，对算法性能进行改进，同时提出区间数目标函数方法，用以解决非精确参数控制情况下的寻优问题，最后对分段线性递归 FDTD 的分布式计算方法进行研究，设计结构可变的分布式计算方案。

6.1 参数优化算法改进研究

在工程技术和科学研究领域存在着大量复杂的计算问题，这些问题往往表现出高度的非线性、不可导甚至不连续，较高的复杂度使传统的优化算法难以胜任此类问题的求解，智能算法的出现为解决这类问题开辟了一条崭新的途径。第 5 章提出了应用遗传算法优化等离子体参数的方法，但在实际的计算过程中，出现了局部最优解及优化参数敏感等问题，本节将针对这些问题，对优化算法进行改进，同时对提高算法计算效率的方法进行研究。

6.1.1 改进参数优化算法

1. 实数编码的遗传算法

在传统的遗传算法中，个体的基因通常采用二进制编码来表示。然而在函数优化和约束优化问题上，实数编码是更为有效的处理方式且更容易抓住待优化问题的本质。相对于二进制编码，使用实数编码的优点在于可以直接使用目标问题的解作为遗传个体的基因编码，实现了解空间和基因空间的统一。为了将实数编码方法应用遗传算法中，必须对算法结构和进化操作做出相应的改变。

1）基因编码

针对当前优化问题，应用于遗传个体的实数编码方案可分为两类：第一类仅包含目标问题的解编码；第二类包含解编码和参数编码。第二类编码方案中，在目标问题的解以外，可额外加入进化策略参数（如变异个体正态分布的方差和协方差等），其目的是在算法寻优的过程中通过相应的进化操作实现参数的自适应调整，增加参数本身的多样性。在本书后续的研究中，通过评估遗传种群解空间对计算参数进行有针对性的调整，因而在实际计算的过程中，只采用第一类编码方案，将缩短编码位数，提升计算性能。

遗传操作对基因编码提出了以下要求。

(1)完备性：任意一个问题的解都可以在基因空间中找到编码与之对应。

(2)简洁性：解和编码是一一对应的关系，以免造成优化计算过程中对解的评估困难。

(3)合理性：基因编码对应的解对于目标问题是合理且有意义的(未必是最优的)。

(4)可继承性：各个体的基因编码含义与算法当前所处的状态、其他个体的编码含义无关，各编码位含义与其他编码位含义无关，以保证子代群体从父代群体继承的优势信息是有意义的。

采用基因位与解直接相关的实数编码保证群体编码满足遗传操作的完备性和简洁性要求，同时由于本书的编码位没有采用将参数加入基因位的编码方式，稳定的编码位含义保证了编码满足可继承性的要求。而对于合理性要求，一方面可以采用改进目标问题拓展合理解空间，如第 5 章采用的 ALGA；另一方面，可以在种群评估之前，对群体进行合理性验证，对不合理个体进行修正。

2)选择操作

对群体内的每个个体按照目标函数计算其适应度，然后依据其适应度评估选择概率，并执行选择操作。针对本书的实数编码遗传算法需求，主要考虑轮盘赌选择和随机遍历选择两种方式的选择操作。

(1)轮盘赌选择。

按照选择概率随机选择指定个数的个体执行进一步的操作。

(2)随机遍历选择。

设总个体数为 N，选择个体数为 N_s，选择按式(6.1)规则产生第 i 个个体的选择区段 $P_{ps}(i)$：

$$\begin{cases} P_{ps}(1) = [ps_{1,L}, ps_{1,U}] = \left[0, \dfrac{Ps(1)}{\sum\limits_{j=1}^{N} Ps(j)} \right] \\[3em] P_{ps}(i) = [ps_{i,L}, ps_{i,U}] = \left[P_{ps}(i-1), \dfrac{ps_{i,L} + Ps(i)}{\sum\limits_{j=1}^{N} Ps(j)} \right], \quad i = 2, 3, \cdots, N \end{cases} \tag{6.1}$$

式中，$Ps(j)$ 为第 j 个个体的选择概率。

按式(6.2)产生选择点：

$$Ps(j) = \frac{1}{N_s} \cdot rand + \frac{j-1}{N_s}, \quad j = 1, 2, \cdots, N_s \tag{6.2}$$

对每一个 $Ps(j)$，当 $Ps(j) \in P_{ps}(i)$ 时，第 i 个个体被选择。

3) 交叉操作

针对多维优化问题，直接交换待交叉个体的实数编码位。

4) 变异操作

实数编码的变异不同于二进制编码直接按概率反置编码位，设 $p_m(i)$ 是第 i 个个体的变异概率，则当 $rand < p_m(i)$ 时，随机改变第 i 个个体的一个编码位，设改变位为第 k 位，其值为 $X(k)$，则改变后的值 $X^*(k)$ 为

$$X^*(k) = \left(1 - \frac{\tau_m}{2} + rand \cdot \tau_m\right) \cdot X(k) \tag{6.3}$$

式中，τ_m 为变异扩散因子，影响变异值与原值的差异度，取 0 到 1 的实数，其值越大，则两者相关度越低。

2. 免疫机制

遗传算法基于遗传规则进行随机搜索的过程，是一个全局搜索和局部搜索相平衡的过程。全局搜索于广泛的解空间寻找优势解，而局部搜索在当前优势解附近深度解算获取更高的解精度。由于个体产生的随机性和遗传操作的全程一致性，新生个体往往难以和经过充分选择的优势个体竞争，遗传算法很容易早熟收敛陷入局部最优解中(如 5.4.3 节)，而免疫机制为问题解决提供了可行的方案。

人们对免疫机制产生极大兴趣的原因主要不是免疫系统本身的功能，而是从中提取、发现免疫系统的有效机制作为一种解决工程和科学问题的手段。综合文献给出的各种定义，可以对免疫算法进行如下理解：受生物免疫系统启发，借鉴其作用机制和功能，用于信息处理、问题求解及科学计算的自适应算法。由此可以看出免疫计算本身不强调对免疫系统的完整模拟，而更专注于提取免疫系统中有益于复杂问题求解的特征和机制，运用各种计算方法，建立更有效的信息处理方案。免疫系统也可以看成是一个进化系统，以亲和度为标准实现抗体的进化。从免疫算法和遗传算法的结构来看，都要经过种群(免疫算法为抗体，遗传算法为生物体)初始化、个体评估(免疫算法为亲和度，遗传算法为适应度)、种群更新的循环过程。遗传算法从生物进化的宏观角度反映了进化论，而人工免疫从生物体内部的微观角度遵守优胜劣汰的进化规则。正是由于二者的共性，有关这两种算

法融合的研究和应用得到了广泛关注。

在个体评估上，免疫算法既计算抗体和抗原的亲和度，也考虑抗体之间的亲和度；遗传算法仅计算个体对于环境的适应度。免疫算法对抗体有抑制或促进的双向操作，有利于种群的多样性；遗传算法由环境从父代选择个体，不存在调节多样性的步骤。

将免疫机制引入进化计算中，必须对很多免疫概念进行适当的数学描述，通过对免疫算子进行合理设计来实现。

1) 亲和度

针对本书的寻优问题，亲和度可定义为

$$\mathrm{Aff}(G_i) = 1 - \eta + \eta \cdot \frac{f(G_i) - \min(f(G))}{\max(f(G)) - \min(f(G))}, \quad \eta \in (0,1) \tag{6.4}$$

$$\mathrm{Aff}(G_i) = 1 - \eta + \eta \cdot \frac{\max(f(G)) - f(G_i)}{\max(f(G)) - \min(f(G))}, \quad \eta \in (0,1) \tag{6.5}$$

$$\mathrm{Aff}(G_i) = \frac{1}{1 + \exp(\eta f(G_i))}, \quad \eta \in (0,1) \tag{6.6}$$

式中，$\mathrm{Aff}(G_i)$ 表示第 i 个个体 G_i 的亲和度；$f(G_i)$ 为 G_i 对应的目标函数值。式(6.4)为最大值寻优问题，式(6.5)和式(6.6)对应最小值寻优问题。

2) 浓度计算

苏晨(2009)给出了两种基于二进制编码的浓度计算方法。在实数编码情况下，二进制编码中的 0-1 规则不再适用，也难以将常用的信息熵方法应用于浓度计算。因此本章提出如下基于实数编码的浓度计算方法。

(1) 欧氏(Euclidean)距离浓度。

定义个体距离：

$$\mathrm{Dis}_{ij} = \sqrt{\sum_{k=1}^{l_c} \tau_k [G_i(k) - G_j(k)]^2} \tag{6.7}$$

式中，Dis_{ij} 为第 i 个个体和第 j 个个体的距离；l_c 为基因位长度；$G_i(k)$ 为第 i 个个体的第 k 个基因位；τ_k 为第 k 个基因位的位权重。

得到个体距离以后，则可以计算第 i 个个体浓度为

$$C_i = \frac{1}{1 + \sum_{j=1}^{N} \mathrm{Dis}_{ij}} \tag{6.8}$$

(2) 范数距离浓度。

根据范数理论，可以使用 $G_i - G_j$ 的向量范数来定义个体距离，事实上，式 (6.7) 就是欧氏空间 $\mathbf{R}^{l_c}$ 上的 2-范数，可记为

$$\text{Dis}_{ij} = \left\| G_i - G_j \right\|_2 \tag{6.9}$$

类似的，可使用 1-范数和 ∞-范数来定义个体距离：

$$\text{Dis}_{ij} = \left\| G_i - G_j \right\|_1 = \sum_{k=1}^{l_c} | G_i(k) - G_j(k) | \tag{6.10}$$

$$\text{Dis}_{ij} = \left\| G_i - G_j \right\|_\infty = \max_k | G_i(k) - G_j(k) | \tag{6.11}$$

在得到 Dis_{ij} 之后即可使用式 (6.8) 计算个体浓度，1-范数或 ∞-范数距离计算量小于 2-范数，在一定程度上可以提高单步迭代速度。

(3) 实数信息熵浓度。

传统的信息熵方法主要应用于二进制编码中，通过分析个体各编码位与其他个体相应编码位的对应关系概率，最终得到个体的差异距离。借鉴二进制信息熵思想，定义如下实数信息熵：

$$\begin{cases} E(N) = \dfrac{1}{l_c} \sum_{j=1}^{l_c} E_j(N) \\[2mm] E_j(N) = \sum_{i=1}^{N} p_{ij} \lg(p_{ij}) \\[2mm] p_{ij} = 1 - \dfrac{\left| G_i(j) - \dfrac{1}{N} \sum_{k=1}^{N} G_k(j) \right|}{\max\limits_{k=1}^{N} G_k(j) - \min\limits_{k=1}^{N} G_k(j)} \end{cases} \tag{6.12}$$

式中，$E(N)$ 表示 N 个抗体的平均信息熵；$E_j(N)$ 表示第 j 个基因位的平均信息熵；p_{ij} 表示第 j 个基因位来自第 i 个个体的概率。

当 $N = 2$ 时，用 $E(2, v, w)$ 表示个体 v 和个体 w 的信息熵，则第 i 个个体浓度可以表示为

$$\begin{aligned} C(G_i) &= \frac{1}{N} \sum_{i=1}^{N} T_{ij} \\[2mm] T_{ij} &= \begin{cases} 1, & E(2, i, j) \leqslant r \\ 0, & E(2, i, j) > r \end{cases} \end{aligned} \tag{6.13}$$

式中，r 为浓度抑制半径。

3) 激励度计算

在计算个体的遗传优势时，应综合考虑个体的亲和度和其在种群中的浓度。激励度是免疫选择的依据，定义为

$$\text{Act}(G_i) = \text{Aff}(G_i) \cdot \exp\left(-\frac{C(G_i)}{\beta}\right) \tag{6.14}$$

式中，β 为调节因子，$\beta \in \mathbf{R}$ 且 $\beta > 1$。

4) 亲和突变

亲和突变是个体根据其亲和度大小以概率对自身的基因进行改变，个体亲和度越大，突变概率越小，突变概率通常由式(6.15)确定：

$$p_m(G_i) = \exp(-\text{Aff}(G_i)) \tag{6.15}$$

5) 免疫选择

在种群中根据激励度大小选择个体，根据激励度的定义，免疫选择综合考虑了个体的亲和度和浓度，既能使优秀的抗体得到选择，也能使群体的多样性得到保证。抗体被选择的概率有比例选择方式和模拟退火选择方式两种。

(1) 比例选择方式：

$$p_{ms}(G_i) = \frac{\text{Act}(G_i)}{\sum \text{Act}(G)} \tag{6.16}$$

(2) 模拟退火选择方式：

$$p_{ms}(G_i) = \frac{\exp\left(\dfrac{\text{Act}(G_i)}{T_n}\right)}{\sum \exp\left(\dfrac{\text{Act}(G)}{T_n}\right)}, \quad T_n = \ln\left(\frac{T_0}{n} + 1\right) \tag{6.17}$$

式中，T_0 为初始温度；n 为迭代步数。

需要指出的是，本书并没有对整个免疫系统的作用过程进行完整模拟，包括克隆选择和克隆抑制等环节在计算过程中与遗传操作具有相同的作用，且对计算性能产生一定的影响，因而在本书的计算中没有加入这些免疫操作。

将上述免疫机制引入遗传算法，计算过程如图 6.1 所示。

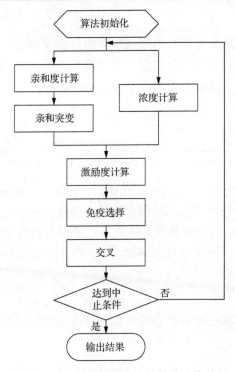

图 6.1　引入免疫机制的遗传算法计算过程

3. 动态更新机制

智能算法的收敛速度和寻优精度是算法使用者最为关注的两个方面。各种寻优算法在实际使用中都存在速度和精度之间的矛盾：为提高收敛速度不得不降低对精度的要求，或为了提高精度额外增加计算开销，使计算的速度受到影响。研究该问题的关键在于找准全局搜索与局部搜索之间的平衡，即既要尽可能地拓展算法的搜索空间，以寻找可能出现最优解的子空间，又要充分利用群体中的有效信息，使算法侧重于对存在优秀个体的子空间进行搜索。基于此，本节引入一种对算法的动态更新机制，以提高算法的性能。

对参数策略进行更新的目的是通过参数的动态调整，使算法在运行的不同阶段有不同的侧重点，实现收敛速度和寻优精度间的平衡。其思路主要是在算法运行的前期抗体分布比较均匀，抗体群多样性较好的时候加强对于现有抗体信息的利用和扩展，使得在较大范围内的搜索更细致，以尽快锁定好解范围；在算法运行后期群体多样性降低以后，通过参数的调整，使其算法进行局部搜索的同时，也能扩大搜索范围，避免局部极值的影响。设算法的最大迭代步数为 $\text{gen}_{\max}$，对 6.1.1 节第 2 部分定义的免疫选择操作和突变操作进行调整。

1) 免疫选择概率调整

从本质上来说，遗传算法是根据达尔文的自然选择学说建立的一种随机搜索算法。免疫选择操作是种群进化过程中子代继承获得父代优势的最重要操作，对整个计算过程的寻优性能和收敛速度有极大的影响。

定义免疫选择概率 p_{ms}：

$$p_{\mathrm{ms}}(G_i) = \frac{\mathrm{Act}(G_i)}{\sum \mathrm{Act}(G)} \cdot \left[1.5 - \frac{\mathrm{Act}(G_i) - \min(\mathrm{Act}(G))}{\max(\mathrm{Act}(G)) - \min(\mathrm{Act}(G))} \right]^{\frac{j}{\tau \cdot \mathrm{gen}_{\max}}} \tag{6.18}$$

式中，τ 为大于 1 的常数；j 为当前迭代步数。式(6.18)是参考迭代步数对免疫机制的强化，其对算法进行发生作用包含的隐含条件是在 $\mathrm{gen}_{\max}$ 范围内，算法能够得到收敛解，式(6.18)调整的目的是在算法前期保持对优势抗体的选择同时保持对劣势抗体的抑制，在算法运行的后期，适当缩小个体之间的选择概率差异，避免抗体过度聚集，保持搜索范围。

2) 突变概率调整

突变操作是进化算法对种群覆盖范围之外的解空间进行探索的方式，突变概率决定了这种探索的强度，同时影响种群的稳定。

定义调整后的突变概率 p_{m}：

$$p_{\mathrm{m}}(G_i) = p_{\mathrm{m\_min}} + \left[1 - \cos\left(\frac{\pi \cdot j}{4 \cdot \mathrm{gen}_{\max}} \right) \right] \cdot \exp(-\mathrm{Aff}(G_i)) \tag{6.19}$$

式中，$p_{\mathrm{m\_min}}$ 为最小突变概率；j 为当前迭代步数。

以个体亲和度为 0.6，$p_{\mathrm{m\_min}} = 0.05$，$\mathrm{gen}_{\max} = 200$ 为例，图 6.2 给出了突变概率与迭代步数的关系。

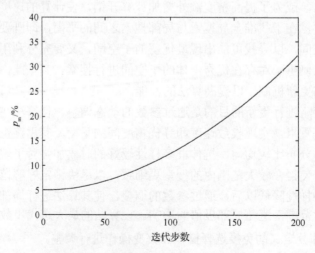

图 6.2　突变概率与迭代步数的关系

　　在算法前期多样性较好时，突变概率较低，以保持种群的稳定进化；随着计算的进行，种群多样性逐渐降低，此时逐渐增加突变概率，以达到增加种群多样性的目的。

6.1.2　算法的收敛性

　　本章中寻优计算的目标函数，针对非线性约束，采用了扩展拉格朗日法，其本质是将拉格朗日函数方法与罚函数方法进行结合。为提高算法的寻优性能，本章将人工免疫机制和动态更新方法引入算法的计算过程。本节将对算法的收敛性进行讨论。为方便分析，给出以下几个结论。

　　定义 6.1　设 $\{\xi_k\}$ 是概率空间 $\{\Omega, f, P\}$ 上的随机变量序列，存在随机变量 ξ，$\forall \varepsilon > 0$，有

$$\lim_{k \to \infty} P\{\| \xi_k - \xi \| < \varepsilon\} = 1 \tag{6.20}$$

称 $\{\xi_k\}$ 依概率收敛于 ξ。

　　定义 6.2　设 $\{\xi_k\}$ 是概率空间 $\{\Omega, f, P\}$ 上的随机变量序列，存在随机变量 ξ，有

$$P\{\lim_{k \to \infty} \xi_k = \xi\} = 1 \tag{6.21}$$

若 $\forall \varepsilon > 0$，有

$$P\{\bigcap_{t=1}^{\infty} \bigcup_{k \geqslant t} \| \xi_k - \xi \| \geqslant \varepsilon\} = 0 \tag{6.22}$$

称 $\{\xi_k\}$ 依概率 1 收敛于 ξ。

　　引理 6.1（Borel-Cantelli 引理）　设 $\{A_k\}$ 是概率空间上的随机事件序列，令

$$p_k = P\{A_k\}, \quad k = 1, 2, 3, \cdots \tag{6.23}$$

若 $\sum_{k=1}^{\infty} p_k < \infty$，则

$$P\{\bigcap_{t=1}^{\infty} \bigcup_{k \geqslant t} A_k\} = 0 \tag{6.24}$$

若 $\sum_{k=1}^{\infty} p_k = \infty$，且 $\{A_k\}$ 各事件相互独立，则

$$P\{\bigcap_{t=1}^{\infty} \bigcup_{k \geqslant t} A_k\} = 1 \tag{6.25}$$

为方便讨论，将 5.4.2 节提出的优化问题再次列写如下：

$$
\begin{aligned}
&\min_x \quad f(x) \\
&\text{s.t.} \quad C_i(x) \leqslant 0, \quad i = 1, 2, \cdots, m \\
&\qquad\ \ C_i(x) = 0, \quad i = m+1, m+2, \cdots, n \\
&\qquad\ \ Ax \leqslant b \\
&\qquad\ \ A_{\text{eq}}x = b_{\text{eq}} \\
&\qquad\ \ b_{\text{L}} \leqslant x \leqslant b_{\text{U}}
\end{aligned}
\tag{6.26}
$$

将线性约束部分 $Ax \leqslant b$ 和 $A_{\text{eq}}x = b_{\text{eq}}$ 处理为特殊的非线性约束，则约束条件可简写为

$$
\begin{aligned}
\text{s.t.} \quad &C_i(x) \leqslant 0, \quad i = 1, 2, \cdots, m \\
&C_i(x) = 0, \quad i = m+1, m+2, \cdots, n \\
&b_{\text{L}} \leqslant x \leqslant b_{\text{U}}
\end{aligned}
\tag{6.27}
$$

称 $x = \{x_1, x_2, \cdots, x_n\}$ 为优化问题的决策向量，$S = \{x \mid b_{\text{L}} \leqslant x_i \leqslant b_{\text{U}}, i = 1, 2, \cdots, n\}$ 为搜索空间，$D = \{x \mid x \in S, C_i(x) \leqslant 0, C_j(x) = 0, i = 1, 2, \cdots, m, j = m+1, m+2, \cdots, n\}$ 为可行域。当 $x \in D$ 时，称 x 为此优化问题的一个可行解，否则为不可行解。

针对本书的优化问题，做出如下假设。

假设 1：D 是 $\mathbf{R}^n$ 中的有界闭集；

假设 2：$f(x)$ 在 S 上连续；

假设 3：对 $\forall x' \in D$，x' 的任意领域与 D 交集的勒贝格(Lebesgue)测度>0，记为

$$\text{Lbg}(N_\gamma(x') \cap D) > 0 \tag{6.28}$$

式中，$\text{Lbg}(\cdot)$ 表示勒贝格测度，

$$N_\gamma(x') = \{x \mid x \in S, \| x - x' \| \leqslant \gamma, \gamma > 0\} \tag{6.29}$$

$\forall \varepsilon > 0$，记

$$
\begin{cases}
Q_1 = \{x \mid x \in D, |f(x) - f^*(x)| < \varepsilon\} \\
Q_2 = D \setminus Q_1
\end{cases}
\tag{6.30}
$$

式中，$f^*(x) = \min\{f(x), x \in D\}$。

在改进遗传算法的计算过程中，对于种群 $G(t) = \{G_i(t)\}$，$\exists G_i(t) \in Q_1$，则称

$G(t)$ 处于状态 S_1，否则称 $G(t)$ 处于状态 S_2。

定理 6.1 当 $G(k)$ 处于状态 S_i 时，$G(k+1)$ 处于状态 S_j 的概率记为 p_{ij} $(i,j=1,2)$，则在本节假设条件下：

(1) $p_{11}=1$；

(2) 存在 0 到 1 之间的常数 c，使得 $p_{22}<c$。

对于定理 6.1(1)，根据改进算法的选择规则，当 $G(k)$ 处于状态 S_1 时，$G(k)$ 中的优势个体必然可以进入下一代种群 $G(k+1)$，因而 $p_{11}=1$ 成立。

对于定理 6.1(2)，由假设 1，$X^* = \{x \mid \arg\min\limits_{x \in D} f(x)\} \neq \varnothing$；由假设 2 和假设 3，对任一全局最优解 $x^* \in X^*$，$\exists \gamma > 0$，使 $\forall \{x \mid x \in D, \| x - x^* \| \leqslant \gamma\}$，有

$$| f(x) - f(x^*) | < \frac{\varepsilon}{2} \tag{6.31}$$

对于 $N_\gamma(x^*)$，有

$$N_\gamma(x^*) \bigcap D \subseteq Q_1 \tag{6.32}$$

当 $G(k)$ 处于状态 S_2 时，$\forall x \in G(k)$，设 $\hat{x}$ 是经改进算法迭代产生的新个体，则 $\hat{x} = x + \Delta\Theta$ 的概率为 $p_1 = [1+1/(k+1)]\delta \geqslant \delta > 0$，$\Delta\Theta = (\Delta\Theta_1, \cdots, \Delta\Theta_n)^{\mathrm{T}}$，其中 $\Delta\Theta_i \sim N(0, \sigma_i^2), i = 1,2,\cdots,n$，则

$$P\{\hat{x} \in N_\gamma(x^*) \bigcap D\} = p_1 \cdot P\{(x+\Delta\Theta) \in N_\gamma(x^*) \bigcap D\}$$
$$\geqslant \left(1+\frac{1}{k+1}\right)\delta \cdot \prod_{i=1}^{n} P\{| x_i + \Delta\Theta_i - x_i^* | \leqslant \gamma\} \tag{6.33}$$

所以有

$$P\{\hat{x} \in N_\gamma(x^*) \bigcap D\} = p_1 \cdot P\{(x+\Delta\Theta) \in N_\gamma(x^*) \bigcap D\}$$

$$\geqslant \left(1+\frac{1}{k+1}\right)\delta \cdot \prod_{i=1}^{n} \int_{x_i^*-x_i-\gamma}^{x_i^*-x_i+\gamma} \frac{\exp\left(-\dfrac{t^2}{2\sigma_i^2}\right)}{\sqrt{2\pi}\sigma_i} \mathrm{d}t$$

$$\geqslant \delta \cdot \prod_{i=1}^{n} \int_{x_i-x_i-\gamma}^{x_i-x_i+\gamma} \frac{\exp\left(-\dfrac{t^2}{2\sigma_i^2}\right)}{\sqrt{2\pi}\sigma_i} \mathrm{d}t \tag{6.34}$$

记

$$P^*(x) = P\{(x+\Delta\Theta) \in N_\gamma(x^*) \bigcap D\}, \quad x \in D \tag{6.35}$$

由假设 1 和假设 3，结合式 (6.33)，可知：

$$0 < P^*(x) < 1, \quad x \in D \tag{6.36}$$

$P^*(x)$ 在 D 上是连续的且 D 是 $\mathbf{R}^n$ 中的有界闭集（假设 1），$\exists \hat{y} \in D$，使

$$P^*(\hat{y}) = \min\{P^*(x) \mid x \in D\} \tag{6.37}$$

$$0 < P^*(\hat{y}) < 1, \quad x \in D \tag{6.38}$$

由 p_{21} 的定义及前文推导可得

$$P^*(\hat{y}) \leqslant P^*(x) \leqslant p_{21} \tag{6.39}$$

令

$$c = 1 - P^*(\hat{y}) \tag{6.40}$$

因为 $p_{21} + p_{22} = 1$，所以有

$$c = 1 - P^*(\hat{y}) \geqslant 1 - p_{21} = p_{22} \tag{6.41}$$

即得到定理 6.1(2) 的结论。

定理 6.2　设 $\{G(k)\}$ 是由改进算法产生的种群序列，$G(0)$ 中至少存在一个 $x \in D$，记

$$x_k^* = \arg \min_{x \in G(k) \cap D} f(x) \tag{6.42}$$

则种群序列 $\{G(k)\}$ 在本节的假设条件下是以概率 1 收敛到目标寻优问题的全局最优解，即

$$P\{\lim_{k \to \infty} f(x) = f(x^*)\} = 1 \tag{6.43}$$

对于定理 6.2 的证明，可考虑 $\forall \varepsilon > 0$，记

$$p_k = P\{\mid f(x_k^*) - f(x^*) \mid \geqslant \varepsilon\} \tag{6.44}$$

于是可知：

$$p_k = \begin{cases} 0, & \exists j \in \{1, 2, \cdots, k\}, x_j^* \in Q_1 \\ \hat{p}_k, & x_j^* \notin Q_1, j = 1, 2, \cdots, k \end{cases} \tag{6.45}$$

由定理 6.1 可知：

$$\hat{p}_k = P\{x_j^* \notin Q_1, j = 1, 2, \cdots, k\} = p_{22}^k \leqslant c^k \tag{6.46}$$

所以有

$$\sum_{k=1}^{\infty} p_k \leqslant \sum_{k=1}^{\infty} c^k = \frac{c}{1-c} < \infty \tag{6.47}$$

由引理 6.1 可知：

$$\forall \varepsilon > 0, \quad P\{\bigcap_{t=1}^{\infty} \bigcup_{k \geqslant t} \| f(x_k^*) - f(x^*) \| \geqslant \varepsilon\} = 0 \tag{6.48}$$

由定义 6.2，定理 6.3 结论成立，即改进算法迭代得到的种群序列 $\{G(k)\}$ 是以概率 1 收敛到目标寻优问题的全局最优解。

6.1.3　性能测试

1. 算法性能测试方法

优化算法性能判断标准可分为计算效率和求解质量两类。计算效率通过比较获得同样的可行解所需要的计算时间来评估；求解质量则是在一定条件下获得的可行解的优劣。在评价算法性能的诸多指标中，最为重要和直接的标准即为算法能否计算得到全局最优解。

通常利用函数优化问题、旅行商问题、背包问题等测试算法性能，对于某些特定算法，也常考虑采用聚类问题进行测试。函数优化问题是测试算法性能最主要的方法。在函数优化问题中，对于多维、多峰和欺骗问题的求解精度和速度，是衡量算法性能的重要指标，已成为对智能算法进行测试的标准方法。

本节主要采用如下四个函数用于验证算法性能。

函数 1（Sphere 函数）：

$$f = \sum_{i=1}^{n} x_i^2 \tag{6.49}$$

函数 2（Rosenbrock 函数）：

$$f = 100(x_1^2 - x_2)^2 + (1 - x_1)^2 \tag{6.50}$$

函数 3（Rastrigin 函数）：

$$f = \sum_{i=1}^{n} [x_i^2 - 10\cos(2\pi x_i) + 10] \tag{6.51}$$

函数 4（Schwefel 函数）：

$$f = -\sum_{i=1}^{n} x_i \sin(\sqrt{|x_i|}) \tag{6.52}$$

在所选择的四个函数中，函数 1 是较为简单的单峰函数，提高其求解维数可较好反映算法性能；函数 2 是二维病态的单峰函数，很难取得极小值；函数 3 是一个多峰函数，存在较多局部极小点，各变量之间相互独立；函数 4 是一个典型的欺骗问题，有 1 个全局极小点，最优点与局部极值点很远。

各函数的具体信息如表 6.1 所示。

表 6.1 测试函数信息

函数名	维数	参数区间	最优解	最优值
Sphere	20	[−5.12, 5.12]	$(0,\cdots,0)$	0
Rosenbrock	2	[−2.048, 2.048]	$(1,\cdots,1)$	0
Rastrigin	10	[−5.12, 5.12]	$(0,\cdots,0)$	0
Schwefel	10	[−500, 500]	$(420.9687,\cdots,420.9687)$	−4187.8289

当维数为 2 时各函数的三维视图如图 6.3 所示。

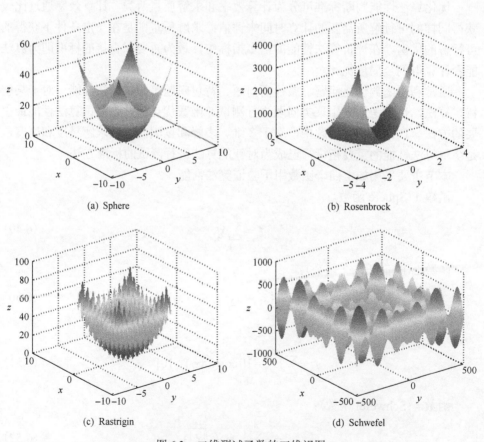

(a) Sphere   (b) Rosenbrock

(c) Rastrigin   (d) Schwefel

图 6.3 二维测试函数的三维视图

2. 初始参数设定

测试计算的参数设定如表 6.2 所示。

表 6.2 测试计算参数设定

符号	含义	值
gen_{max}	最大迭代步数	300
N	总个体数	40
N_s	选择个体数	32
τ	免疫选择调整因子	3
τ_m	变异扩散因子	0.1
p_m	突变概率	0.05
p_{m_min}	最小突变概率	0.05
r	浓度抑制半径	0.32

3. 计算结果及分析

遗传算法作为一种随机搜索算法，单次的收敛情况不能反映其收敛性能。图 6.4 给出各算法针对 6.1.3 节第 1 部分测试函数计算 100 次的平均最优值收敛曲线。图中 SGA(standard genetic algorithm)为标准遗传算法，RGA(real-number encoding genetic algorithm)为实数编码遗传算法，AGA(artificial-immune genetic algorithm)为免疫遗传算法，DAGA(dynamical-updating artificial-immune genetic algorithm)为动态更新免疫遗传算法。

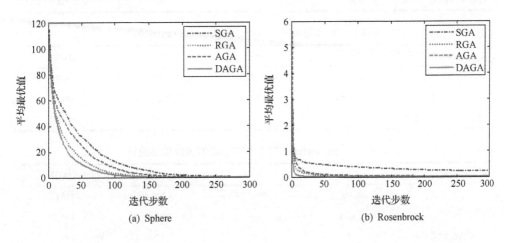

(a) Sphere (b) Rosenbrock

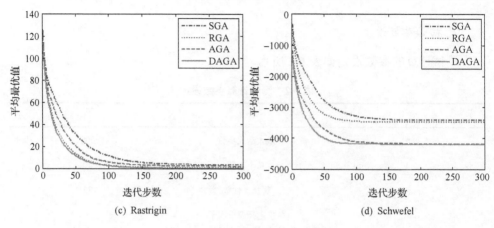

(c) Rastrigin　　　　　　　　　　(d) Schwefel

图 6.4　平均最优值收敛曲线比较

表 6.3～表 6.6 给出了四种算法对测试函数经过 100 次运算的运行结果统计。

表 6.3　Sphere 函数 100 次运算的运行结果统计

算法	SGA	RGA	AGA	DAGA
平均最优值	0.0045	0.0037	0.0829	<0.0001
平均收敛代数	212.34	171.53	237.63	144.29
收敛到最优值的次数	100	100	100	100

表 6.4　Rosenbrock 函数 100 次运算的运行结果统计

算法	SGA	RGA	AGA	DAGA
平均最优值	0.4732	0.0149	0.0612	0.0097
平均收敛代数	76.85	71.53	114.41	17.52
收敛到最优值的次数	47	100	98	100

表 6.5　Rastrigin 函数 100 次运算的运行结果统计

算法	SGA	RGA	AGA	DAGA
平均最优值	4.8124	1.2416	4.2571	0.0573
平均收敛代数	215.84	170.34	255.95	164.59
收敛到最优值的次数	37	41	95	100

表 6.6　Schwefel 函数 100 次运算的运行结果统计

算法	SGA	RGA	AGA	DAGA
平均最优值	−3216.25	−3312.38	−4212.46	−4189.67
平均收敛代数	153.00	—	213.69	176.47
收敛到最优值的次数	1	0	100	100

通过 20 维的 Sphere 函数测试可以看出，针对多维的单峰函数，各算法均能很好地收敛于最优解。DAGA 在收敛精度和收敛速度上都有较大的优势，SGA 和 RGA 性能较为接近，而 AGA 收敛相对较慢，寻优精度也低于其他算法，这是由于免疫机制对于优势个体的抑制产生的。

Rosenbrock 函数虽然是低维函数，但 SGA 在寻优时却出现了较大的收敛困难，这是由于 Rosenbrock 函数的两个变量的相互关系项(即 $100(x_1^2 - x_2)^2$ 项)对函数值有极大的影响，这是与 Sphere 函数各变量产生影响相互独立不同的，而二进制编码存在的 Hamming 悬崖等问题，使得种群进化缓慢。其他三种算法的收敛情况较好，从表 6.4～表 6.6 可以看出，基于 Sphere 函数测试时相同的原因，AGA 的收敛速度和收敛精度也低于其他算法。

Rastrigin 函数和 Schwefel 函数作为极具代表性的多峰函数，其测试结果很好地反映了四种优化算法的特点：SGA 和 RGA 很容易陷入局部最优解中，难以得到全局解；免疫机制的加入使得算法能够抑制局部优势，从而能够更多地搜索解空间的其他部分，从而得到全局最优解；在保持免疫优势的基础上，动态更新机制通过在不同阶段对参数的不同调整策略，使得算法在精度和速度上都得到了较大的提升。

函数测试的结果表明，综合 6.1.1 节的改进成果能够有效地提升算法性能。

6.1.4　改进验证

以 5.4.3 节的优化计算为例，采用 DAGA 每次用随机初始个体进行 50 次计算，算法计算参数设置参考 6.1.3 节第 2 部分，优化结果如表 6.7 所示。

表 6.7　DAGA 优化等离子体参数的结果

项	值	项	值
f_p	8.015GHz	收敛次数	50
d	2.659cm	收敛到最优解的次数	50
θ	30.04°	平均收敛代数	7.56

可以看到，在种群个体数大幅减少的情况下(本节 $N=40$，5.4.3 节中 $N=200$)，对算法做出的改进使优化计算结果能够很好地收敛到全局解，避免局部解的影响。由于计算普遍在 10 步以内收敛，速度较快，动态调节的后期的广度搜索优势未能体现，但前期的收敛速度略有提高。

6.1.5　非精确参数控制下的优化改进研究

1. 目标函数改进

由 5.5.2 节的研究可知,等离子体作用于电磁波的效果对等离子体参数有着较强的敏感性。在实际的工程应用中,由于放电环境等的变化,等离子体参数难以进行精确的控制,必然对等离子体隐身的效果产生影响。本节对等离子体参数优化的目标函数进行改进,以保证在非精确参数情形下也能得到较好的对电磁波作用效果。

根据式(5.28),为使等离子体参数在一定范围内发生漂移时,仍能保证等离子体对电磁波有较好的吸收,必须使目标函数能够反映一定参数区间内反射率的变化情况,并以此为依据进行优化计算。

1) 区间数基本原理

令 $\tilde{a} = [a^L, a^U] = \{a^L \leqslant x \leqslant a^U, a^L, a^U \in \mathbf{R}\}$ 表示实数轴上的一个闭区间,则称 $\tilde{a}$ 为一个区间数。如果 $\tilde{a} = \{x | 0 \leqslant a^L \leqslant x \leqslant a^U\}$,则称 $\tilde{a}$ 为正区间数。如果 $a^L = a^U$,则 $\tilde{a}$ 退化为一个实数。区间数是一类特殊的模糊数,可看成是实数的扩展,$\tilde{a} = [a^L, a^U]$ 可以看成 x 取区间 $[a^L, a^U]$ 上任何一点。

令 $\tilde{a} = [a^L, a^U]$,$\tilde{b} = [b^L, b^U]$,$k \geqslant 0$,区间数的运算法则如下所示。

(1) $\tilde{a} = \tilde{b}$:$a^L = b^L$ 和 $a^U = b^U$。

(2) $\tilde{a} + \tilde{b} = [a^L + b^L, a^U + b^U]$。

(3) $\tilde{a} - \tilde{b} = [a^L - b^L, a^U - b^U]$。

(4) $k\tilde{a} = [ka^L, ka^U]$。

(5) $\tilde{a} \cdot \tilde{b} = [\min\{a^L b^L, a^L b^U, a^U b^L, a^U b^U\}, \max\{a^L b^L, a^L b^U, a^U b^L, a^U b^U\}]$。

(6) $\dfrac{\tilde{a}}{\tilde{b}} = [a^L, a^U] \cdot \left[\dfrac{1}{b^U}, \dfrac{1}{b^L}\right]$。

2) 区间数排序

设 $\tilde{a} = [a^L, a^U]$ 和 $\tilde{b} = [b^L, b^U]$ 为区间数,当 $\tilde{a}$ 和 $\tilde{b}$ 均退化为实数时,则 $\tilde{a} > \tilde{b}$ 的可能度可以表示为

$$p(\tilde{a} > \tilde{b}) = \begin{cases} 1, & \tilde{a} > \tilde{b} \\ \dfrac{1}{2}, & \tilde{a} = \tilde{b} \\ 0, & \tilde{a} < \tilde{b} \end{cases} \tag{6.53}$$

当 $\tilde{a}$、$\tilde{b}$ 同时为区间数或者有一个为区间数时，则称

$$p(\tilde{a} \geqslant \tilde{b}) = \max\left[1 - \max\left(\frac{b^{\mathrm{U}} - a^{\mathrm{L}}}{l_{\tilde{a}} + l_{\tilde{b}}}, 0\right), 0\right] \tag{6.54}$$

为 $\tilde{a} \geqslant \tilde{b}$ 的可能度。式中 $\tilde{a} = [a^{\mathrm{L}}, a^{\mathrm{U}}]$，$\tilde{b} = [b^{\mathrm{L}}, b^{\mathrm{U}}]$，$l_{\tilde{a}} = a^{\mathrm{U}} - a^{\mathrm{L}}$，$l_{\tilde{b}} = b^{\mathrm{U}} - b^{\mathrm{L}}$。

对于给定的一组区间数 $\tilde{a}_i \in \left[a_i^{\mathrm{L}}, a_i^{\mathrm{U}}\right](i \in \mathbf{N})$，将其进行两两比较，利用式(6.54)可求得相应的可能度 $p(\tilde{a}_i \geqslant \tilde{a}_j)$，简记为 $p_{ij}(i, j \in \mathbf{N})$，并建立可能度矩阵 $P = (p_{ij})_{n \times n}$，该矩阵包含了所有方案相互比较的全部可能度信息。因此，对区间数进行排序的问题，就转化为求解可能度矩阵的排序向量问题。由区间数排序的可能度所具有的性质可知，矩阵 P 是一个模糊互补判断矩阵。徐泽水(2004)给出了一个简洁的排序公式：

$$v_i = \frac{1}{n(n-1)}\left(\sum_{j=1}^{n} p_{ij} + \frac{n}{2} - 1\right) \tag{6.55}$$

得到可能度矩阵 P 的排序向量 $v = (v_1, v_2, \cdots, v_n)$，并利用 $v_i(i \in \mathbf{N})$ 对区间数 $\tilde{a}_i(i \in \mathbf{N})$ 进行排序。

根据式(5.28)，利用区间数定义的目标函数改变为

$$f = \min R(\widetilde{\omega}_{\mathrm{p}}, \tilde{d}, \tilde{\theta}) \tag{6.56}$$

在进行优化计算时，为简化个体编码，采用编码值的固定上下限浮动比作为等离子体参数上下限。以厚度 d 为例，预先设定其上下限浮动比分别为 $p_{\mathrm{d}}^{\mathrm{L}}$ 和 $p_{\mathrm{d}}^{\mathrm{U}}$（$0 < p_{\mathrm{d}}^{\mathrm{L}}, p_{\mathrm{d}}^{\mathrm{U}} < 1$），则有

$$\tilde{d} = [(1 - p_{\mathrm{d}}^{\mathrm{L}}) \cdot d, (1 + p_{\mathrm{d}}^{\mathrm{U}}) \cdot d] \tag{6.57}$$

利用区间数比较规则，即可运用常规的优化算法步骤进行计算。

2. 函数验证

以式(6.58)作为测试函数：

$$f = \sum_{i=1}^{n}\left[\frac{\sin x_i}{x_i} + 0.004(x_i - 10)^2\right], \quad x_i \in \left[\frac{\pi}{2}, 8\pi\right] \tag{6.58}$$

计算时，取函数维数 $n = 10$，个体数 $N = 20$，各遗传参数设置同 6.1.3 节，计

算时个体编码 x_i 对应区间数 $\tilde{x}_i = [x_i^L, x_i^U]$，且 $x_i - x_i^L = x_i^U - x_i$。图 6.5 给出了一维情形下（即 $i = \text{ceil}(\text{rand}() * 20)$）区间大小不同时的解分布情况。

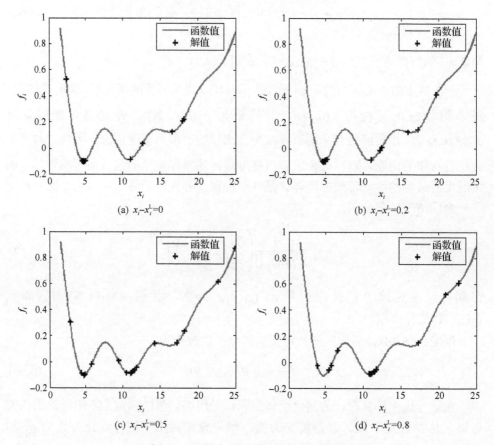

图 6.5　区间大小不同时的解分布情况

通过计算可以发现：

（1）当 $x_i - x_i^L < 0.5$ 时，优化解主要集中于函数的全局最优解附近，当 $x_i - x_i^L$ 缓慢增大时，优化解的集中点获得极小幅增加（ $x_i - x_i^L$ 变化在 0.3 以内，优化解变化不超过 1%）；

（2）当 $x_i - x_i^L \approx 0.5$ 时，对于求解问题本身已不存在单一的最优点，解主要集中于原函数最优解和次优解附近；

（3）当 $x_i - x_i^L > 0.5$ 时，优化解主要集中于原函数的次优解附近，当 $x_i - x_i^L$ 缓慢增大时，优化解的集中点获得极小幅增加。

对于函数优化问题来说，式（6.58）是一个多峰欺骗问题，综合以上计算结果可知，采用区间数方法进行的区域函数优化，能够很好地反映在指定范围内函数优化解的情况。因而，在目标函数中引入区间数方法可解决非精确等离子体参数控制时的优化问题。

3. 参数优化实例

计算参数设置参照 5.5 节，上下限 $p_d^L = p_d^U = p_{fp}^L = p_{fp}^U = 5\%$。图 6.6 为计算收敛曲线。

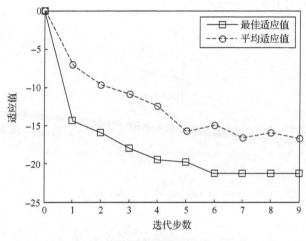

图 6.6　计算收敛曲线

计算获得最优参数为 $f_p = 7.724\text{GHz}$，$d = 2.181\text{cm}$，考虑 5%的参数误差，即最优区间为 $\tilde{f}_p = [7.338\text{GHz}, 8.110\text{GHz}]$，$\tilde{d} = [2.072\text{cm}, 2.290\text{cm}]$，按照 5.5 节的设置，参数区间内最大消耗功率为 349.05W。计算表明，参数在 5%范围内变动时，能够保证反射率的缩减超过 20dB，吸收效果十分明显，且根据 ALGA 设定的算法规则能够很好地保证其满足约束条件的限制，基于区间数的最优参数获取对于参数的设定具有很强的参考意义。

6.2　等离子体隐身的分布式仿真计算方法

6.2.1　FDTD 方法概述

FDTD 方法是一种在电磁散射、电磁兼容、天线辐射等领域广泛使用的电磁场数值仿真方法，通过 FDTD 方法求解 Maxwell 方程描述的时变电磁场问题，适合于分析各种复杂的电磁结构。Maxwell 方程组由两个旋度方程和两个散度方程组成：

$$\begin{cases} \nabla \times H = \dfrac{\partial}{\partial t}D + J \\[2mm] \nabla \times E = -\dfrac{\partial}{\partial t}B - J_{\mathrm{m}} \\[2mm] \nabla \cdot D = \rho \\[2mm] \nabla \cdot B = \rho_{\mathrm{m}} \end{cases} \tag{6.59}$$

考虑各向同性介质时存在本构关系：

$$\begin{cases} D = \varepsilon E \\[1mm] B = \mu H \\[1mm] J = \sigma E \\[1mm] J_{\mathrm{m}} = \sigma_{\mathrm{m}} H \end{cases} \tag{6.60}$$

差分方程需通过各场分量实现，将式(6.59)的两个旋度方程展开为偏微分方程形式：

$$\begin{cases} \dfrac{\partial H_x}{\partial t} = \dfrac{1}{\mu}\left(\dfrac{\partial E_y}{\partial z} - \dfrac{\partial E_z}{\partial y} - \sigma_{\mathrm{m}} H_x \right) \\[3mm] \dfrac{\partial H_y}{\partial t} = \dfrac{1}{\mu}\left(\dfrac{\partial E_z}{\partial x} - \dfrac{\partial E_x}{\partial z} - \sigma_{\mathrm{m}} H_y \right) \\[3mm] \dfrac{\partial H_z}{\partial t} = \dfrac{1}{\mu}\left(\dfrac{\partial E_x}{\partial y} - \dfrac{\partial E_y}{\partial x} - \sigma_{\mathrm{m}} H_z \right) \\[3mm] \dfrac{\partial E_x}{\partial t} = \dfrac{1}{\varepsilon}\left(\dfrac{\partial H_z}{\partial y} - \dfrac{\partial H_y}{\partial z} - \sigma E_x \right) \\[3mm] \dfrac{\partial E_y}{\partial t} = \dfrac{1}{\varepsilon}\left(\dfrac{\partial H_x}{\partial z} - \dfrac{\partial H_z}{\partial x} - \sigma E_y \right) \\[3mm] \dfrac{\partial E_z}{\partial t} = \dfrac{1}{\varepsilon}\left(\dfrac{\partial H_y}{\partial x} - \dfrac{\partial H_x}{\partial y} - \sigma E_z \right) \end{cases} \tag{6.61}$$

基本的 FDTD 方法是通过对式(6.61)的离散化实现对电磁场的模拟。虽然式(6.61)仅包含两个旋度方程，但 Maxwell 方程中的两个散度方程可由它们导出，因而这种模拟是充分的。

6.2.2　基于分段线性递归的 FDTD 方法

由于等离子体的介电常数与频率相关，使用 FDTD 方法时，必须进行额外的处理，目前主要有以下三种常用的方法。

(1) 递归卷积 (recursive convolution，RC) 法：将频域的乘积通过 Fourier 逆变换变成时域的卷积，根据具体的 $\varepsilon(\omega)$ 推导递归计算式写入 FDTD 方程。

(2) 辅助差分方程 (auxiliary differential equation，ADE) 法：将 $D(\omega) = \varepsilon(\omega)E(\omega)$ 表示为差分方程，将其作为 FDTD 方程的辅助方程进行求解。

(3) Z 变换 (Z-transform，ZT) 法：将频域方程变换到 Z 域，求得 Z 域的场分量，再通过逆变换求得频域的场分量。

相对 RC 法，后两种方法算法比较复杂，内存要求也较大，在计算电大尺寸问题时不具优势，因而 RC 法得到了更为广泛的应用。但是，RC 法在计算卷积时将 E 在 Δt 时处理为常量，带来了较大误差。Kelly 等 (1996) 在 RC 法的基础上发展了分段线性递归卷积 (piecewise linear recursive convolution，PLRC) 法。采用 PLRC 法计算等离子体等色散介质时，除了同样由两个旋度方程和两个散度方程组成的 Maxwell 方程，还存在如下本构关系：

$$\begin{cases} D(t) = \varepsilon_0\varepsilon_\infty E(t) + \varepsilon_0 \int_0^t E(t-\tau)\chi(\tau)\mathrm{d}\tau \\ B = \mu H \\ J = \sigma E \\ J_\mathrm{m} = \sigma_\mathrm{m} H \end{cases} \tag{6.62}$$

由以上方程，对 $D(t)$ 进行离散化处理：

$$D(n\Delta t) = D^n = \varepsilon_0\varepsilon_\infty E(n\Delta t) + \varepsilon_0 \int_0^{n\Delta t} E(n\Delta t - \tau)\chi(\tau)\mathrm{d}\tau \tag{6.63}$$

RC 法和 PLRC 法的不同主要体现在对式 (6.63) 中 E 的处理方式上。RC 法假设 E 在 Δt 时间段内保持不变，而 PLRC 法在 Δt 时间段内对 E 采取了线性近似，E 由式 (6.64) 获得：

$$E(t) = E^n + \frac{E^{n+1} - E^n}{\Delta t}(t - n\Delta t), \quad t \in [n\Delta t, (n+1)\Delta t] \tag{6.64}$$

则在卷积中，电场强度表示为

$$E_i(n\Delta t - \tau) = E_i^{n-m} + \frac{E_i^{n-m-1} - E_i^{n-m}}{\Delta t}(\tau - m\Delta t) \tag{6.65}$$

将式 (6.65) 代入式 (6.63)：

$$D^n = \varepsilon_0\varepsilon_\infty E^n + \varepsilon_0 \sum_{m=0}^{n-1} \int_{m\Delta t}^{(m+1)\Delta t} \left[E_i^{n-m} + \frac{E_i^{n-m-1} - E_i^{n-m}}{\Delta t}(\tau - m\Delta t)\chi(\tau) \right] \mathrm{d}\tau \tag{6.66}$$

令

$$\chi^m = \int_{m\Delta t}^{(m+1)\Delta t} \chi(\tau)\mathrm{d}\tau \tag{6.67}$$

$$\xi^m = \frac{1}{\Delta t}\int_{m\Delta t}^{(m+1)\Delta t} (\tau - m\Delta t)\chi(\tau)\mathrm{d}\tau \tag{6.68}$$

则有

$$D^n = \varepsilon_0\varepsilon_\infty E^n + \varepsilon_0\sum_{m=0}^{n-1}[E^{n-m}\chi^m + (E^{n-m-1} - E^{n-m})\xi^m] \tag{6.69}$$

$$\begin{aligned}
D^{n+1} - D^n &= \varepsilon_0\varepsilon_\infty E^{n+1} + \varepsilon_0\sum_{m=0}^{n}[E^{n-m+1}\chi^m + (E^{n-m} - E^{n-m+1})\xi^m] \\
&\quad - \varepsilon_0\varepsilon_\infty E^n - \varepsilon_0\sum_{m=0}^{n-1}[E^{n-m}\chi^m + (E^{n-m-1} - E^{n-m})\xi^m] \\
&= \varepsilon_0\varepsilon_\infty E^{n+1} - \varepsilon_0\varepsilon_\infty E^n + \varepsilon_0 E^{n+1}\chi^0 + \varepsilon_0(E^n - E^{n+1})\xi^0 \\
&\quad - \varepsilon_0\sum_{m=0}^{n-1}[E^{n-m}(\chi^m - \chi^{m+1}) + (E^{n-m-1} - E^{n-m})(\xi^m - \xi^{m+1})]
\end{aligned} \tag{6.70}$$

取 $\Delta\chi^m = \chi^m - \chi^{m+1}$，$\Delta\xi^m = \xi^m - \xi^{m+1}$，则有

$$\begin{aligned}
D^{n+1} - D^n &= \varepsilon_0(\varepsilon_\infty + \chi^0 - \xi^0)E^{n+1} - \varepsilon_0(\varepsilon_\infty - \xi^0)E^n \\
&\quad - \varepsilon_0\sum_{m=0}^{n-1}[E^{n-m}\Delta\chi^m + (E^{n-m-1} - E^{n-m})\Delta\xi^m]
\end{aligned} \tag{6.71}$$

对 Maxwell 方程离散化处理：

$$\nabla \times H^{n+1/2} = \frac{D^{n+1} - D^n}{\Delta t} + \sigma E^{n+1} \tag{6.72}$$

将式 (6.71) 代入式 (6.72)，可得到 E 的迭代式：

$$E^{n+1} = \frac{\Delta t \cdot \nabla \times H^{n+1/2}}{\varepsilon_0(\varepsilon_\infty + \chi^0 - \xi^0) + \Delta t\sigma} + \frac{\varepsilon_0(\varepsilon_\infty - \xi^0)E^n}{\varepsilon_0(\varepsilon_\infty + \chi^0 - \xi^0) + \Delta t\sigma}$$

$$+ \frac{\varepsilon_0\sum_{m=0}^{n-1}[E^{n-m}\Delta\chi^m + (E^{n-m-1} - E^{n-m})\Delta\xi^m]}{\varepsilon_0(\varepsilon_\infty + \chi^0 - \xi^0) + \Delta t\sigma} \tag{6.73}$$

令 $\psi^n = \sum\limits_{m=0}^{n-1} [E^{n-m}\Delta\chi^m + (E^{n-m-1} - E^{n-m})\Delta\xi^m]$，则针对非磁化等离子体，$\psi^n$ 存

在递归关系：

$$\psi^n = \Delta\xi^0 E^{n-1} + (\Delta\chi^0 - \Delta\xi^0)E^{n-1} + \psi^{n-1}\exp(-\nu\Delta t) \tag{6.74}$$

式 (6.73) 变为

$$E^{n+1} = \frac{\Delta t \cdot \nabla \times H^{n+1/2}}{\varepsilon_0(\varepsilon_\infty + \chi^0 - \xi^0) + \Delta t\sigma} + \frac{\varepsilon_0(\varepsilon_\infty - \xi^0)E^n}{\varepsilon_0(\varepsilon_\infty + \chi^0 - \xi^0) + \Delta t\sigma}$$
$$+ \frac{\varepsilon_0\psi^n}{\varepsilon_0(\varepsilon_\infty + \chi^0 - \xi^0) + \Delta t\sigma} \tag{6.75}$$

6.2.3　方法有效性

为检验方法的有效性，对厚度 $d = 1.5\text{cm}$ 等离子体覆盖的平板进行计算，设定等离子体频率 $f_p = 28.7\text{GHz}$，碰撞频率 $\nu = 20\text{GHz}$，入射波采用幅值为 100V/m 的微分高斯脉冲，$t_w = 60\text{d}t$，$t_o = 4\text{d}t$，FDTD 计算中网格大小 $\text{d}x = 75\mu\text{m}$，计算步长 $\text{d}t = 0.123\text{ps}$。计算空间分为 1000 个网格，其中等离子体 200 个网格，采用 10 层 UPML（各向异性完全匹配层）吸收边界，计算进行了 10000 个时间步。除网格数设置外等离子体相关计算参数值及解析结果均参考文献。计算结果如图 6.7 所示。

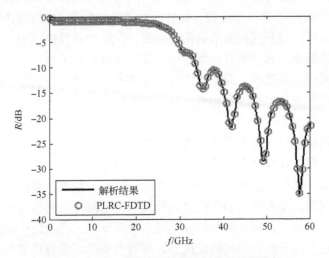

图 6.7　PLRC-FDTD 计算结果与解析结果比较

计算结果与解析结果的比较说明了 PLRC-FDTD 方法是有效的。

6.2.4　分布式等离子体 FDTD 计算

FDTD 方法求解电磁问题时的空间精度(网格数)和时间精度(计算步长)对仿真计算的精度及算法的稳定性有直接的影响,当面对大尺寸复杂形状的计算模型或介质参数有剧烈变化的情况时,往往需要极为精细的模型网格来进行计算,此时使用单线程的过程计算方法效率十分低下。

FDTD 方法的计算量和计算所需要的存储空间与求解空间的网格数成正比,而每个格点的物理量单独存储,且每个时间步各个格点的求解只与其本身及相邻格点相关,因而 FDTD 方法从结构上来说适宜于采用分布式计算。王卫民等(2013)基于 MPI+OpenMP 并行计算模型研究了多线程情形下的 FDTD 等离子体仿真,MPI 作为针对群集计算的并行编程平台,具有良好的跨系统平台能力。然而单纯采用 MPI 消息传递编程模式并不能在这种多处理器构成的集群上取得理想的性能,因此该文献同时采用 OpenMP 共享存储编程,利用共享存储模型和消息传递模型的优点以改善并行计算的性能。

本节将设计一种分布式的 FDTD 计算方案,通过空间分割优化和分布节点任务分配模型的设计使分布计算平台成为灵活可变的计算组织结构,同时根据系统的实时计算情况为各计算节点平衡负载,提升系统的计算性能。

1. 计算组织结构

图 6.8 为分布式计算中常用的组织结构,计算任务下达以后,管理节点根据任务指令和计算量为各计算节点(在很多计算系统中,管理节点同时也担当一个计算节点)分配任务,各计算节点独立计算所分配的任务,完成后将计算结果交由管理节点汇总分析,得到任务要求的最终结果。在这个计算模型中,各计算节点之间不发生直接联系,其间所有数据协同均需要通过管理节点中转。这种组织结构的优点在于系统连接简单,通过管理节点能够充分掌握并控制整个计算过程,所有节点除接受管理节点管理和协调外只需要专注于本节点内的计算任务,单个节点计算效率很高。

但这种结构的缺点也很明显:第一,系统简单却不灵活,当可以有新节点接入时,除非暂停各计算节点任务由管理节点重新进行任务分配,否则新节点难以承担计算负载,从而无法充分发挥系统性能;第二,如果计算任务本身不能完全分割为独立问题,在各节点相互独立的情况下,信息交流必须通过管理节点,影响了计算效率;第三,独立的任务分配导致效率变低,若系统中存在效率低下的计算节点,在任务分配已确定的情况下,高效节点必须等待低效节点的计算结果完成最终汇总,形成"短板效应"。

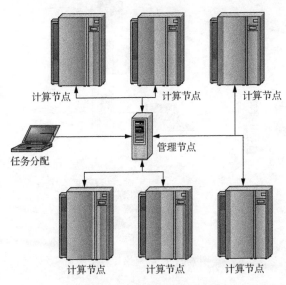

图 6.8　星形分布计算结构

　　分析 FDTD 方法，主要是在一定计算空间内对时间步的模拟，网格中各点的数据需要联系其相邻点的数据，如果采用这种设计布局，每一步迭代中各计算节点都必须通过管理节点向其他节点请求需要的数据，请求结果再由管理节点返回，势必造成计算效率的下降。

　　图 6.9 是一种更为灵活的组织结构方案示意图。在这种方案中，除最初的任务发布阶段和最终的结果汇总阶段，其余时间管理节点的管理作用减弱，各计算节点之间（也包括管理节点）以物理或虚拟的方式相互连接，成为一种较为松散的网络结构。计算时管理节点分析任务并做好分配准备，计算节点随时可以向管理节点请求承担计算任务，请求的计算量根据自身计算能力而定，当自身计算能力提升（如某个其他无关任务完成的情况）或已请求计算任务即将完成时，可继续向管理节点请求任务。除了向管理节点请求任务，计算节点也可向相连接的其他有任务的计算节点请求任务，加速被请求节点完成任务，当有新节点需要接入计算网络时，也可直接以这种方式向其连接的节点申请计算任务，从而以一种自然的方式完成新计算能力的引入。这种网络组织方式的优点除了新节点的连接简单以外，因为每个节点只根据自身性能请求相应的计算量，对于系统计算节点的性能要求明显降低，每个节点合理地为解决计算问题出力，低效的节点也不会造成整个系统的效率降低。这种系统组织结构在设计时主要考虑用于计算量极大的广域网计算。

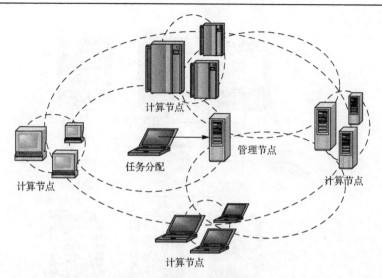

图 6.9　松散网络计算结构

　　这种松散网络的计算结构也存在一定的不足：第一，网络的管理逻辑实现复杂，由于网络本身可能发展成为极其庞大而复杂的连接形式，任务的分配、请求，数据的调用等都需要根据计算任务进行相应的调整改动；第二，整个系统构成一个网络，在有连接的节点之间交互数据是比较迅捷的，但是当需要交互的两个节点不直接相连时，数据的交互过程就会变得十分复杂，这影响了系统的大范围协同能力；第三，每个计算节点的计算量在评估自身计算能力后通过向其相邻节点申请获得，节点能力评估是比较困难的，很多时候还涉及对全网的能力评估，这无疑增加了系统设计的难度。

　　FDTD 方法往往具有比较规整的计算空间，网络结构计算方法在对待这种问题时并不能发挥其解决复杂问题的优势，而其向非直接连接节点请求数据困难的缺点反而有可能影响 FDTD 计算中各网格点利用相邻网格数据求解，这就限制了网络型计算结构在 FDTD 方法中的应用。

　　考虑 FDTD 方法的特点，设计分布式的计算结构应该考虑具有良好的数据交互性、各节点性能的充分发挥、不同效率节点的相互协同及节点的接入和退出机制。根据这些要求，可采用如图 6.10 所示的计算结构组织。同传统结构一样，图 6.10 所示的计算结构组织计算依然由管理节点发起，将任务分配到各计算节点，不同的是，管理节点全程介入计算的控制中，完成包括任务动态分配、进度管理、节点控制、数据流向控制等一系列工作，同时各节点将需要交互的数据发往数据总线(不一定是实体总线，也可由软件虚拟)，并将本节点需要的数据从数据总线上取出。

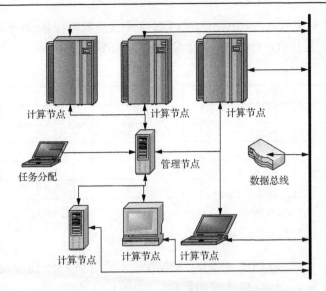

图 6.10 星形分布结合数据总线的计算结构

下面将针对 FDTD 方法对这种计算结构的细节进行设计。

2. 网格空间分割

根据 FDTD 方法的特点，在进行分布式计算时最自然的方式是对其网格空间进行分割。传统的多线程或分布式计算方案通常根据节点数量将计算空间在某一空间维度上平均分割，没有考虑分割对于计算效率的影响。事实上，网格空间的分割方案与节点间需要交流的数据量有关，因此会对计算效率产生影响，而分割的方式也会对节点的任务分配方式带来影响。以一个二维的 9×6 网格为例，假设每条分割线上需要交流的数据仅为一组数据(实际应为两组)。当有 2 个计算节点时，网格分割如图 6.11 所示，当垂直于 x 轴分割(以下简称为分割 x 轴)时产生 6 个交流数据，优于分割 y 轴产生的 9 个数据。

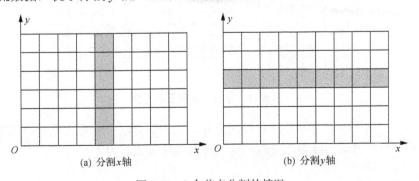

      (a) 分割 x 轴   (b) 分割 y 轴

图 6.11 2 个节点分割的情况

当有 4 个计算节点时，单纯分割 x 轴(18 个交流数据)的效果不如混合分割 x、y 轴(交叉点重复计算，产生 15 个交流数据)，如图 6.12 所示。

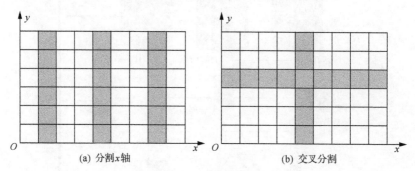

(a) 分割x轴　　　　　　　　　　　　　　(b) 交叉分割

图 6.12　4 个节点分割的情况

而对于一个 27×6 网格 4 个节点的情况，单纯分割 x 轴(18 个交流数据)的效果优于混合分割 x、y 轴(33 个交流数据)，如图 6.13 所示。

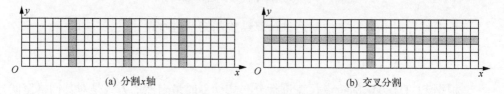

(a) 分割x轴　　　　　　　　　　　　　　(b) 交叉分割

图 6.13　高长宽比二维网格分割情况

为了简化分割表示，记 $S\{\bullet\}$ 为一次分割，$\{\bullet\}$ 表示其分割方案，用 "=" 表示分割点，"$A \bigcap B$" 表示在进行 A 分割的基础上进行 B 分割，"$x(1,3)$" 在 "=" 后出现，表示分割范围为 $x=1$ 到 $x=3$。如图 6.14 所示的分割可表示为

$$S\{x = 14 \bigcap x = 21 \bigcap y = 3 \bigcap x = 6, y(3,6) \bigcap y = 5, x(6,14)\}$$

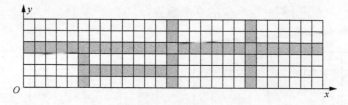

图 6.14　分割方案表示示意图

综上分析可知，空间分割时每次应分割上一次分割完成后的最长边，当分割完成后，分割方案不能再改变时，这一分割策略可表示为

$$\begin{cases} S_1\left\{\text{int}\left(\dfrac{\max(x,y)}{2}\right)\right\} \\[3mm] S_n\left\{S_{n-1}\bigcap \text{int}\left(\dfrac{\max(x_{n-1},y_{n-1})}{2}\right)\right\} \end{cases} \tag{6.76}$$

式中，S_n 表示第 n 次分割；x_{n-1}、y_{n-1} 表示 $n-1$ 次分割后的网格边界值。

如图 6.14 所示的凌乱的网格空间分割并不能有效提升系统的计算效率，因为小空间计算完成以后必须等待分割不够充分的大空间完成计算，才能得到最终结果。为防止这种情况出现，定义如下两条分割规则。

规则 1：一次分割没有达到网格边界时，下一次分割必须从上一次的结束点开始。

规则 2：除去规则 1 的情况，每次分割必须从网格边界开始。

以一个二维的网格计算问题验证计算节点增加时对以上分割规则的影响。定义一个 900×600 的网格，每步迭代时将各点数据与相邻点数据相加并加上一个 0 到 1 的随机数，执行 1000 步迭代，计算节点配置完全相同。图 6.15 给出了在上述分割方案下，分割规则影响下的计算时间。规则的使用较好地平衡了各计算节点的负载，使系统效率提高。

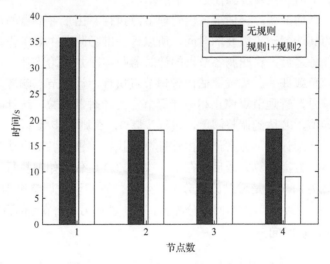

图 6.15 不同分割方案计算用时比较

3. 计算负载自动平衡

从图 6.15 可以看出，当节点数为 3 时，系统总体性能没有得到提升。这是由于在上述分割规则下，如果各节点的性能相同，分割位置的固定导致只有在节点

数为 2^n 时，空间才能得到充分分割，不会出现计算任务分配不均的情况。事实上，即使计算空间分割均匀，如果存在低效节点，同样会出现高效节点挂起以等待下一步迭代数据，系统性能整体拉低的情况。因此，必须根据计算节点的承载能力动态地改变分割点，使其计算能力与分配的任务相匹配，同时当有新节点接入系统时，也需要及时平衡计算负载以为其匹配计算任务。

计算负载平衡以 3 个 FDTD 迭代步为一个平衡周期，图 6.16 给出负载平衡周期与 FDTD 迭代之间的关系。

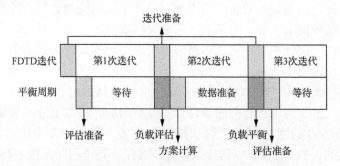

图 6.16 负载平衡周期与 FDTD 迭代之间的关系

计算负载平衡的主要步骤任务如下所示。

步骤 1：评估准备。评估准备由管理节点执行。由于各节点的性能不同，最客观的评估为其迭代一步需要的时间，所以评估准备阶段主要工作是在向计算节点发布计算任务之后，将归属各节点的计时器归零，并开始计时。

步骤 2：负载评估。负载评估由管理节点执行，计算节点响应。计算节点反馈迭代完成信号，管理节点停止相应计算节点的计时器计数，统计各节点迭代时间的最大差异值，若达到调整阈值，进行步骤 3，否则转步骤 1。

步骤 3：方案计算。方案计算由管理节点执行。根据各节点迭代时间，计算网格调整方案，方案计算完成后，在下一次 FDTD 迭代开始前执行。网格的调整不改变分割线方向，而是通过改变分割线坐标位置实现，调整原则如式 (6.77) 所示，式中 S^i 表示第 i 个节点的网格分配数，ΔS^i 表示第 i 个节点的调整量，t_i 表示第 i 个节点的计算时间：

$$\begin{cases} \min \sum_{i}^{n-1} \sum_{j+1}^{n} \left| \dfrac{t_i}{S^i} \cdot (S^i + \Delta S^i) - \dfrac{t_j}{S^j} \cdot (S^j + \Delta S^j) \right| \\[4mm] \Delta S^i = \dfrac{\dfrac{S^i}{t_i} \sum_{j} S^j}{\sum_{j} \dfrac{S^j}{t_j}} - S^i \end{cases} \tag{6.77}$$

步骤 4：数据准备。数据准备由计算节点执行。根据调整方案计算结果，将调整中涉及的网格数据发往数据总线。

步骤 5：负载平衡。负载平衡由管理节点发起，计算节点响应。管理节点将调整方案发往各计算节点，计算节点根据方案从数据总线取回相关数据，然后开始下一轮的迭代。

4. 指令及数据格式定义

在管理节点和计算节点之间，以及数据总线上传输的数据均使用相同定义，以统一各节点的指令/数据接口。指令/数据的第一个字节为类型标识码，其中最高位二进制码表示其属于节点间的指令还是计算用的数据，若为指令，则低 4 位码表示其指令类型，若为数据，则低 4 位码表示数据类型(也包括网格材料参数)。表 6.8 给出了类型标识码的具体定义。

表 6.8　类型标识码定义

	码	定义	码	定义
类型标识	0000 ****	指令	1000 ****	数据
	0000 0000 (0x00)	节点注册	0000 0001 (0x01)	注册接收
指令表示	0000 0010 (0x02)	方案调整	0000 0011 (0x03)	调整完成
	0000 0100 (0x04)	迭代完成		
	1000 0000 (0x80)	材料	1000 0001 (0x81)	电场强度
	1000 0010 (0x82)	电通量密度	1000 0011 (0x83)	磁场强度
数据表示	1000 0100 (0x84)	磁通量密度	1000 0101 (0x85)	电流密度
	1000 0110 (0x86)	磁流密度	1000 0111 (0x87)	电荷密度
	1000 1000 (0x88)	磁荷密度		

除节点注册，其他指令在类型标识码之后是两个字节的目标 ID 和两个字节的指令发起 ID。新节点向数据节点注册时，尚未分配 ID，后跟其 IP 地址或线程句柄，数据节点接收此指令后通过注册接收指令为其分配 ID。方案调整指令在 ID 位之后是网格位置参数，为目标节点指定调整后的网格起止点，其字节数为 2×网格维数×4。

对于数据，在标识码之后跟 4B 的时间标识，然后为网格位置参数，表示该条数据覆盖的参数范围，其定义与方案调整指令的位置参数相同。之后即为相对应的数据，因为在每个节点均存储计算涉及的所有材料的参数，所以材料数据在数据总线上仅存储相应的材料编号。

6.2.5　算例分析

本节以 6.2.4 节第 2 部分的算例验证负载平衡的有效性，算法刚开始为 1 个节点，然后在 5 步、10 步和 15 步时各加入 1 个节点，图 6.17 给出每步迭代使用的时间。

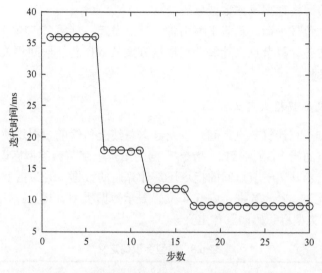

图 6.17　迭代时间变化曲线

由图 6.17 可以看出，在加入新节点以后，每一迭代步需要的时间按照设计要求，在两步以后得到有效的降低，计算负载的动态平衡使得非 2^n 个数的节点数也能发挥其多节点的优势。

相关参考文献设定仿真条件，对采用分布式设计以后的算法有效性进行检验。仿真时电磁波频率设定为 1～18GHz，垂直入射，图 6.18(a) 等离子体频率为 7GHz，电子碰撞频率为 12GHz，等离子体厚度分别 1.5cm、3.0cm、4.5cm；图 6.18(b) 等离子体厚度为 3.0cm，电子碰撞频率为 7GHz，等离子体频率分别为 9GHz、11GHz、13GHz。计算采用四节点的计算结构。

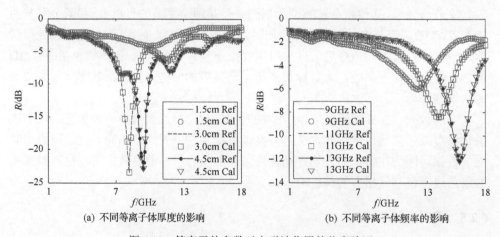

(a) 不同等离子体厚度的影响　　　　　　　(b) 不同等离子体频率的影响

图 6.18　等离子体参数对电磁波作用的仿真验证

四节点情况下的仿真时间约为单节点情况下的 1/4，通过图 6.18 可以看出，在计算效率提高的情况下，仿真计算的精度并没有降低，说明分布式等离子体 FDTD 方法是有效的。

6.2.6　PLRC-FDTD 等离子体仿真软件设计

1. 软件总体框架

基于 PLRC-FDTD 方法和分布式的 FDTD 计算结构，本节设计开发了 PLRC-FDTD 等离子体仿真软件。图形界面和人机交互部分用 C#语言开发，计算、内存管理及数据处理部分用 Visual C++实现。软件物理载体实现可参考 6.2.4 节第 1 部分，软件总体框架如图 6.19 所示。

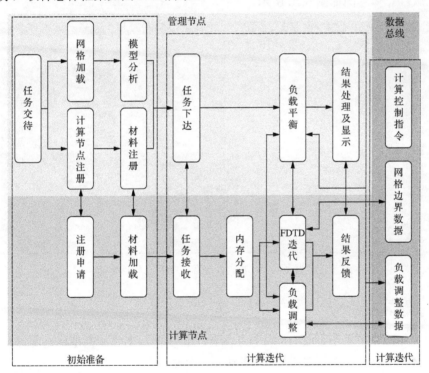

图 6.19　软件总体框架示意图

1) 初始准备

(1) 管理节点：根据计算任务初始化计算参数设置，接收计算节点注册请求并进行反馈，注册计算模型涉及的材料，读取网格文件，并分析模型构成，为计算迭代做好准备。

(2) 计算节点：发出计算网络注册请求，从管理节点收取模型材料信息。

2）计算迭代

（1）管理节点：下达计算开始指令，同时为各节点分配其需要的数据，根据计算情况调整计算负载，综合总结各节点的计算结果并进行显示。

（2）计算节点：接收计算任务，根据需要分配内存开销，进行 FDTD 计算迭代并反馈计算性能情况。根据负载调控指令向数据总线上传/下载数据并进行相应的计算空间调整。

3）数据总线

为简化实现，软件采用的是基于用户数据报协议（UDP）的虚拟总线设计，各节点根据数据标识符约定从总线存取数据。数据格式等可参考 6.2.4 节第 4 部分，在此基础上，在每条数据最后加上两个字节的校验位以保证其传输准确。

软件总体界面如图 6.20 所示。

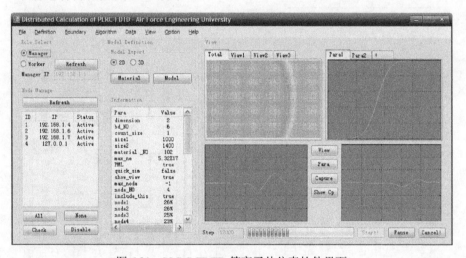

图 6.20　PLRC-FDTD 等离子体仿真软件界面

2. 文件格式定义

软件计算时需要读取的文件包括两种：材料信息文件和模型网格文件。
材料信息文件数据组织如表 6.9 所示。

表 6.9　材料信息文件数据组织

材料编号	材料参数			
ID	ε	μ	σ	σ_m

模型网格文件的文件头固定定义如表 6.10 所示，传统的按网格位定义模型数据文件虽然读取和使用比较简单，但文件占用空间较大。即使已经采用材料索引的办法缩减了文件大小，对于一个 $1000 \times 1000 \times 1000$ 的网格来讲，仍然需要占用

接近 2GB 的空间(考虑材料编号占用 2B)。在这里使用一种记录连续相同数据位的数据压缩方法，其主要思路是顺序分析模型序列，记录相同材料数据位数，将其记录为 {count : material}，当遇到新的材料数据时，重新开始计数，记录新的 {count : material}。

表 6.10　模型网格文件格式

行号	标识符	定义
1	dimension	网格维数
2	absorbing_bd	吸收边界层数
3	count_size	计数位大小
4	size	以空格间隔的各轴向网格数
...	自定义(C 语言变量规则)	额外信息
...	=======	7 个以上 "=" 分隔符
......		以材料编号表示的模型信息

以如下序列为例：

0x01, 0x01, 0x01, 0x01, 0x01, 0x01, 0x02, 0x02, 0x02, 0x02, 0x01, 0x01, 0x01

如果采用 1B 的计数位，则以上序列可压缩为

0x06, 0x01, 0x04, 0x02, 0x03, 0x01

事实上，在 FDTD 计算模型中，经常存在较长序列的重复数据位，使用此压缩方法能极大地减小数据空间占用量。同时由于压缩后的数据在空间上与原始模型空间顺序相同，只是在数据位前增加了计数位，在读取模型文件以后计算机可以很容易读取计数信息直接开辟相应大小的内存空间，使用非常简单，不会增加数据的使用难度。计数位大小主要与模型复杂程度相关，模型几何构型及材料变化复杂时设定为 1，简单的模型一般可设定为 2。

6.3　本　章　小　结

能耗约束下的等离子体参数优化问题是一个参数敏感的多峰函数寻优问题。为避免求解过程中局部最优解的影响，本章将人工免疫机制引入实数编码遗传算法，提高算法的全局寻优性能。为了平衡算法的收敛速度和收敛精度，将动态更新机制引入算法的收敛过程，然后通过标准测试函数寻优问题，验证了算法改进的有效性。对 PLRC-FDTD 方法的分布式计算方法进行了研究，针对计算可能面对的计算节点变动，为提高算法效率，设计了分布式的计算组织结构和网络空间分割方法，同时针对分布式计算中可能存在的节点性能和任务负载划分差异，研究了计算负载的自动平衡方法。最后从数据结构和文件格式的角度，对 PLRC-FDTD 等离子体仿真软件的设计方法进行了介绍。

第7章 石英夹层感性耦合等离子体放电系统的设计和放电模拟

飞行器雷达罩是对飞行器的正向 RCS 贡献最大的部件之一，因此减小天线的 RCS 具有重要意义。然而由于雷达天线在工作时，需要确保雷达波的发射与接收不受干扰，因此普通的外形隐身和材料隐身都不能简单地应用于雷达罩中。相比之下，由于等离子体隐身技术具有不改变部件外形且可以通过开关实现等离子体的产生与消失等优点，同时等离子体隐身在对抗新型反隐身技术时具有不需要对飞行器的外形进行改变，可以通过改变放电环境调节等离子体对电磁波的吸收频段以及使用简便、成本低廉、维护方便和使用寿命较长等优势，因此等离子体隐身技术在雷达罩隐身的应用中具有较大潜力。

本章立足于实现 ICP 在雷达罩隐身中的应用，设计石英夹层 ICP 发生装置，设计的放电腔室一方面需要满足等离子体隐身设计的需求，另一方面需要在实验过程中能够做到便于开关，同时能对等离子体相关参数进行诊断，下面介绍本章设计的石英夹层 ICP 发生装置。

7.1 石英夹层感性耦合等离子体放电系统

7.1.1 石英夹层感性耦合等离子体放电腔室与平板型天线

本章介绍的与雷达罩共形的 ICP 发生装置是一个石英夹层 ICP 腔体，如图 7.1 所示，其外壁为长半轴 10cm、短半轴 8cm 的半椭球，内壁为长半轴 5cm、短半轴 4cm 的半椭球，在中间的夹层区域内产生等离子体，腔壁由强度较高、化学性质稳定且透波性能好的石英玻璃熔制而成，厚度为 1cm，以保证其结构强度和气密性及透波性能，在腔室下方左右两侧各安装一个直径为 10mm 的玻璃管接口，该接口通过 KF16 规管分别与真空泵和氩气瓶相连接，用于为放电腔体提供高纯度的工质气体氩气同时维持腔体内低气压的环境。

该射频天线由铜管缠绕而成，在实验过程中，为使射频线圈不对雷达天线产生干扰，射频天线采用的是单匝线圈，其直径为 19.2cm，其结构简单，便于安装及拆卸。同时为了保证放电线圈能够长时间稳定地工作，铜管呈空心状态，内径为 6mm，外径为 8mm，在实验中铜管与自动循环水冷系统相连以防止放电过程中由于温度过高而烧毁天线。

图 7.1　ICP 放电腔室与射频天线

7.1.2　射频电源与真空系统

ICP 放电系统由电源部分、腔体部分和气路控制部分等组成，电源部分主要是射频电源和匹配网络，腔体部分是指放电腔室，通常为石英腔体。在 ICP 用于材料处理及半导体加工等领域时，通常还需增加法拉第屏蔽、多级磁约束和射频偏压等装置以降低放电过程中寄生的容性分量及提高粒子的轰击速度。而在应用于隐身设计过程中，为降低系统的复杂程度，在实验过程中不考虑容性分量的影响，放电时只采用了基本的放电装置。

射频电源主要采用晶振原理，产生射频信号，通过放大后输出射频电流，输出的射频电流进过电容匹配器后，经过射频天线，在线圈附近产生感应电场，激发放电腔室的稀有气体，电离产生等离子体。实验使用的射频电源为 RSG-1000 型射频功率源，其频率为 13.56MHz，输出功率为 0～1000W，并且可以连续调节，如图 7.2 所示。在放电过程中，为确保输入到等离子体中的功率足够大，同时避免反射功率太大而导致射频电源不能正常工作，在射频电源与天线之间连接电容匹配器，其功能是通过调节自身电容的大小，减小发射功率。

图 7.2　射频放电功率源

系统中的射频匹配器是 SP-I 型，电路为 L 形匹配网络电路。匹配器有手动调节和自动调节两种模式，当处于手动调节时，通过调节 C_1 和 C_2，使发射功率达到最小，其等效电路如图 7.3 所示。

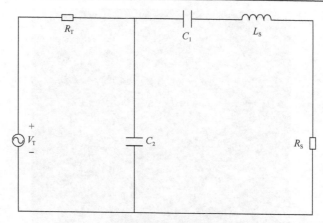

图 7.3　射频电源及匹配器的等效电路

　　真空气氛系统(图 7.4)主要包括液压工质气体(通常为稀有气体)、电容真空计、真空球阀和真空泵。通过调节液压气体进气阀门，真空泵抽气后，可对腔体里气压最小调节至 0.01Pa。电容真空计为薄膜/电阻型，其气压检测范围为 0.01～10000Pa，放电腔室的两个接口分别连接真空泵和气氛系统，气路的断开与接通由真空球阀调节，球阀处于关闭状态时，腔体内的气压可保持稳定。

(a) 工质气体

(b) 真空计

图 7.4　真空气氛系统

7.1.3　石英夹层感性耦合等离子体放电系统连接

　　图 7.5 为石英夹层 ICP 放电系统连接示意图。在实验过程中，射频电源与射频天线相连，中间连有射频匹配器，以将射频功率加载到射频线圈上并尽可能减少反射功率，放电腔室和线圈位于透波支架上。放电腔室一端接口连接气瓶，通入高纯度氩气，另外一端连接真空泵进行持续抽气以创造利于等离子体产生的低

压环境，通过真空计对腔室气压进行监测。

在实验过程中，首先打开真空泵将腔室内空气抽尽，随后由放电腔室一端通入氩气对腔室进行洗气，通过真空球阀和真空计控制腔室内气压，待气流稳定后，打开匹配器和电源开关实现放电，同时打开水冷机开关对射频线圈进行冷却。

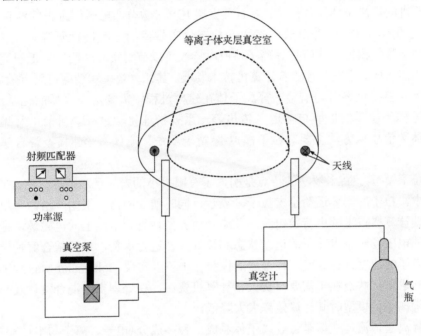

图 7.5　石英夹层 ICP 放电系统连接示意图

7.2　石英夹层感性耦合等离子体放电模拟

分析 ICP 的电磁散射特性，需要得出等离子体频率 ω_p 和碰撞频率 ν_m 的分布，其中 ω_p 可表示为

$$\omega_p = \frac{n_e e^2}{m_e \varepsilon_0} \tag{7.1}$$

式中，n_e 为电子密度；e 为电子带电量；m_e 为电子质量；ε_0 为真空中的介电常数。ν_m 可由经验公式 (7.2) 估计得到，即

$$\nu_m = 1.52 \times 10^7 \times P \times \sqrt{T_e} \tag{7.2}$$

式中，P 为气压，Pa；T_e 为电子温度，eV。

由式(7.1)和式(7.2)可知，ICP 的电磁散射特性主要受电子密度(n_e)和电子温度(T_e)分布的影响，传统的实验诊断方法难以在快速变化的物理过程中以较高的分辨率展现 n_e 和 T_e 的空间分布，而数值模拟手段可以得到在不同放电条件下，等离子体特征参数在不同时间进程中的空间分布规律。本章根据低气压放电的特点，建立改进的等离子体流体模型，对石英夹层 ICP 参数分布随时间进程的演化规律及放电功率和气压条件对放电参数的稳态分布规律的影响进行研究。

利用数值模拟方法研究等离子体放电特性可以节约实验时间，降低研究等离子体所需的成本费用，且随着计算机技术发展，其计算效率和精度得到有效提高，可以为实验提供参考与借鉴。等离子体在建模过程中需要考虑物质的化学反应、碰撞过程、粒子的扩散与输运、传热等一系列物理化学过程。目前，常见的等离子体数值模拟方法主要有粒子模拟-蒙特卡罗法、流体力学建模及混合建模等方法。

粒子模拟-蒙特卡罗法的特点是引入了有限大小的宏粒子和抽样方法，在模拟过程中，粒子的集体运动用宏粒子来表示，同时建立网格，根据网格内带电粒子的运动计算格点上的电荷及电流，并结合边界条件得到格点上的电磁场，根据格点上的电磁场对带点粒子的运动状态和边界条件进行更新，最后结合蒙特卡罗过程对粒子的速度进行改变。该方法的优势在于可以实现 Boltzmann-Maxwell 体系的严格求解，缺点在于需要浪费大量计算机资源，在处理复杂混合气体及二维或三维等离子体模型时其计算效率大大降低。

等离子体流体建模是将等离子体看成一种多成分(电子、离子与中性粒子)组成的流体，通过对每种成分对应的流体力学方程组和泊松方程进行耦合求解得到等离子体特征参数，如电子密度和电子温度的空间分布。流体模型的优点在于计算速度较快且收敛性较好，尤其是在处理二维和三维复杂形状等离子体模型时具有较大优势，但是其不足在于流体模型需要提前假设各粒子处于各自平衡态下，电子能量分布函数(EEDF)服从 Maxwell 分布，然而在低气压条件下由于高能拖尾的存在，EEDF 明显偏离 Maxwell 分布，从而对流体模型准确性造成影响，同时流体模型在建模过程中需提前给定各输运系数，这些输运系数往往与实际放电过程中的 EEDF 息息相关，而不是气体固有属性，因此会给模型带来一定误差。

本章建立了等离子体流体模型，针对低气压条件下等离子体 EEDF 偏离 Maxwell 分布的特点，利用 Boltzmann 方程求解模块对等离子体的 EEDF 进行求解以提高模型准确性，进一步研究 ICP 参数分布的时空演化规律以及放电参数随外部条件的影响。

7.2.1　模型建立

本节建立石英夹层 ICP 隐身天线罩模型。在二维对称面内 ICP 放电腔室示意图如图 7.6(a) 所示，腔体外形是简单的旋转空心椭球体，外侧长半轴为 0.1m，短半轴为 0.08m，内侧长半轴为 0.08m，短半轴为 0.06m，中间夹层为等离子体产生区；在底部的石英窗下安装平面型线圈天线。

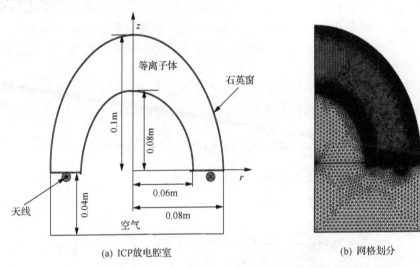

(a) ICP放电腔室　　　　　　　　(b) 网格划分

图 7.6　ICP 放电腔室及其二维旋转对称模型

网格是决定数值计算准确性的重要因素，在设置网格时，将放电腔室的中心区域及空气域均划分为三角形网格，由于放电腔室涉及放电过程中的物化反应，而空气域中仅涉及电磁场计算，因此将放电腔室区域的网格进行加密处理，同时考虑边界条件的影响及感性放电的趋肤效应，将腔室壁面和线圈附近网格划分为边界层网格，同时进行加密处理。网格划分如图 7.6(b) 所示。

7.2.2　Boltzmann 方程求解模块介绍

传统的等离子体流体模型通常以 Maxwell 分布作为 EEDF，但在低气压放电中由于高能电子拖尾的作用，EEDF 会明显偏离 Maxwell 分布，而某些电离常数和一些放电参数如电离速率等对分布函数很敏感，若分布函数偏离 Maxwell 分布，这些参数将会有很大偏差，从而对模型精度造成较大影响。

为了流体模型的计算准确度提升，本章在建模时，引入 Boltzmann 方程求解模块自洽地解 EEDF、电子输运/扩散系数和电子碰撞反应速率系数，Boltzmann 方程可表示如下：

$$\frac{\partial f}{\partial t} + v \cdot \nabla f - \left(\frac{e}{m_e}\right) E \cdot \nabla_v f = C[f] \tag{7.3}$$

式中，$f(r,v,t)$ 表示六维体积元内包含的电子数变化；v 代表位置速度；e 代表运动电子的带电量；m_e 是电子的质量；E 是电场强度，为压力梯度项；$C[f]$ 是碰撞过程对粒子速度的改变值。直接解六自由度的 Boltzmann 方程和相应的 Maxwell 方程较为复杂，实现较难，一般采用的方法是在限制条件下采用二项近似求解。在这种方法中，对 Boltzmann 方程进行求解所进行的简化条件为假设在碰撞平均自由程的尺度内电场是均匀稳定分布的，同时电子的分布函数 $f(r,v,t)$ 服从轴对称分布，只沿电场方向变化。

在速度空间的圆柱坐标系下，分布函数 $f(v,\cos\theta,z,t)$ 可以分解为一个各项同性函数 $f_0(v,z,t)$ 和一个反映异向性的小项 $f_1(v,z,t)\cos\theta$：

$$f(v,\cos\theta,z,t) = f_0(v,z,t) + f_1(v,z,t)\cos\theta e^{j\omega t} \tag{7.4}$$

式中，θ 为电场方向与速度方向的夹角；$e^{j\omega t}$ 为射频放电中修正项。

此时 Boltzmann 方程可表示为

$$\frac{\partial f}{\partial t} + v\cos\theta\frac{\partial f}{\partial z} - \frac{e}{m_e}E\left(\cos\theta\frac{\partial f}{\partial v} + \frac{\sin^2\theta}{v}\frac{\partial f}{\partial \cos\theta}\right) = C[f] \tag{7.5}$$

在方程两边分别乘以勒让德多项式 1 和 $\cos\theta$，再对 $\cos\theta$ 进行积分，可得

$$\frac{\partial f_0}{\partial t} + \frac{\gamma}{3}\varepsilon^{\frac{1}{2}}\frac{\partial f_1}{\partial z} - \frac{\gamma}{3}\varepsilon^{-\frac{1}{2}}\frac{\partial}{\partial\varepsilon}(\varepsilon E f_1) = C_0 \tag{7.6}$$

$$\frac{\partial f_1}{\partial t} + \gamma\varepsilon^{\frac{1}{2}}\frac{\partial f_0}{\partial z} - E\gamma\varepsilon^{-\frac{1}{2}}\frac{\partial f_0}{\partial\varepsilon} = -N\sigma_m\gamma\varepsilon^{\frac{1}{2}}f_1 \tag{7.7}$$

式中，ε 为电子能量；$\gamma = \left(\dfrac{e}{m_e}\right)^{\frac{1}{2}}$；$C_0$ 是由弹性碰撞导致的电子能量损失；σ_m 是所有反应中粒子的等效动量转移截面的总和：$\sigma_m = \sum\limits_j x_j\sigma_j$（$x_j$ 为等离子体中粒子 j 的摩尔分数，σ_j 为等效动量转移碰撞截面）。

用 ε 取代 v，并对 $f_{0,1}(\varepsilon,z,t)$ 进行时间和空间的分离变量，有

$$f_{0,1}(\varepsilon,z,t) = \frac{1}{2\pi\gamma^3}F_{0,1}(\varepsilon)n_e(z,t) \tag{7.8}$$

本书中射频频率取为 13.56MHz，考虑单周期内的能量转移，放电稳定后，电子密度 $n_e(z,t)$ 是空间和时间的函数。那么式 (7.6) 和式 (7.7) 变为

$$F_1 = \frac{E_0}{N} \frac{\tilde{\sigma}_m - jq}{\tilde{\sigma}_m^2 + q^2} \frac{\partial F_0}{\partial \varepsilon} \tag{7.9}$$

$$-\frac{\gamma}{3} \frac{\partial}{\partial \varepsilon} \left[\left(\frac{E_0}{N} \right)^2 \frac{\tilde{\sigma}_m \varepsilon}{2(\tilde{\sigma}_m^2 + q^2)} \frac{\partial F_0}{\partial \varepsilon} \right] = \tilde{C}_0 + \tilde{R} \tag{7.10}$$

式中

$$\tilde{\sigma}_m = \sigma_m + \frac{\overline{v}_i}{N\gamma \varepsilon^{\frac{1}{2}}} \tag{7.11}$$

$$q = \frac{\omega}{N\gamma \varepsilon^{\frac{1}{2}}} \tag{7.12}$$

$$\tilde{C}_0 = 2\pi\gamma^3 \varepsilon^{\frac{1}{2}} \frac{C_0}{Nn_e} \tag{7.13}$$

$$\tilde{R} = -\frac{\overline{v}_i}{N} \varepsilon^{\frac{1}{2}} F_0 \tag{7.14}$$

其中，$\overline{v}_i$ 为电子产生频率：$\overline{v}_i = \frac{1}{n_e} \frac{\partial n_e}{\partial t}$；$F_0$ 由对流扩散的连续性方程确定：

$$\frac{\partial}{\partial \varepsilon} \left(\tilde{W} F_0 - \tilde{D} \frac{\partial F_0}{\partial \varepsilon} \right) = \tilde{S} \tag{7.15}$$

$\tilde{W}$ 是对流扩散中负离子的流速，代表着由低能粒子的弹性碰撞导致的对流扩散的削弱；$\tilde{D}$ 为扩散系数，代表场加热和高能物质弹性碰撞后的能量转移；$\tilde{S}$ 是电子产生源和损失源的总和量，在速度的圆柱坐标系中，$f(v, \cos\theta, z, t)$ 中的各项同性部分对电流没有贡献，可以用式 (7.16) 表示：

$$\frac{\partial n_e}{\partial t} + \frac{\partial \Gamma_e}{\partial z} = S_e \tag{7.16}$$

为了对 Boltzmann 方程进行求解，需给出气体电离率、电子密度、电场强度等参数，这些参数可由 ICP 模块求解得到。而由 Boltzmann 方程求解模块可得到 EEDF、电子输运/扩散系数和电子碰撞反应速率系数，可用于求解 ICP 模块。仿真过程中 Boltzmann 方程求解模块与 ICP 模块之间的数据交互关系如图 7.7 所示。

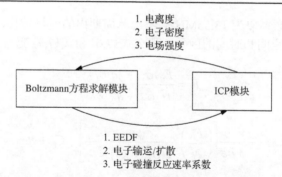

图 7.7　ICP 模块与 Boltzmann 方程求解模块之间的数据交互关系

7.2.3　电子连续性方程和电子能量守恒方程

在低温等离子体中，电子和电子能量的输运可以用一对扩散漂移方程来描述，其中电子连续性方程为

$$\frac{\partial n_\mathrm{e}}{\partial t} + \nabla \cdot \varGamma_\mathrm{e} = R_\mathrm{e} - u\nabla n_e \tag{7.17}$$

式中，n_e 为电子密度；$\varGamma_\mathrm{e}$ 为电子通量：$\varGamma_\mathrm{e} = -(\mu_\mathrm{e} \cdot E)n_\mathrm{e} - \nabla(D_\mathrm{e} n_\mathrm{e})$，$E$ 为电场强度，μ_e 为电子迁移率，D_e 为电子扩散系数；R_e 为由碰撞和反应导致的电子产生率；$-u\nabla n_e$ 为对流项。

在低气压下，EEDF 不满足 Maxwell 分布，此时电子的迁移率和扩散系数的计算需要利用 7.2.2 节得到的 EEDF 进行计算，并将计算结果用插值函数的形式导入 COMSOL Multiphysics 的流体建模中，电子迁移率 μ_e 和电子扩散系数 D_e 的计算公式如下：

$$\mu_\mathrm{e}N = -\frac{1}{3}\int_0^\infty \frac{\varepsilon}{\tilde{\sigma}_\mathrm{m}} \frac{\partial F_0}{\partial \varepsilon} \mathrm{d}\varepsilon \tag{7.18}$$

$$D_\mathrm{e}N = \frac{\gamma}{3}\int_0^\infty \frac{\varepsilon}{\sigma_j} F_0 \mathrm{d}\varepsilon \tag{7.19}$$

式中，$\gamma = (e/m_\mathrm{e})^{1/2}$；$\varepsilon$ 为电子能量；σ_m 代表所有反应中粒子的等效动量转移截面总和：

$$\sigma_\mathrm{m} = \sum_j x_j \sigma_j \tag{7.20}$$

式中，x_j 为某粒子的摩尔分数；σ_j 为等效动量转移碰撞截面，对于弹性碰撞，σ_j

是弹性散射中的各向异性的总和，对于非弹性碰撞，σ_j 是总的碰撞截面。

电子能量密度连续性方程可以用式(7.21)表示：

$$\frac{\partial n_\varepsilon}{\partial t} + \nabla \cdot \Gamma_\varepsilon + E \cdot \Gamma_\varepsilon = R_\varepsilon - u\nabla n_\varepsilon + P_{\mathrm{ind}} \tag{7.21}$$

式中，n_ε 为电子能量密度；Γ_ε 为电子能量通量；R_ε 为由非弹性碰撞导致的电子能量变化率；$-u\nabla n_\varepsilon$ 为对流项；P_{ind} 为等离子体输入功率。

电子产生率 R_e 由等离子体化学反应决定，假设等离子体中有 M 个化学反应涉及 n_e 的产生和消失，那么电子产生率为

$$R_e = \sum_{j=1}^{M} x_j k_j N n_e \tag{7.22}$$

式中，x_j 是反应 j 中目标粒子的摩尔分数；k_j 是反应 j 的反应速率系数，可以通过电子碰撞截面数据在放电条件下进行计算；N 是中性粒子的数量。

电子能量变化率 R_ε 可通过统计所有碰撞电子损失获得，假设等离子体中含有 n 个电子-中性粒子的非弹性碰撞反应，则电子能量变化率为

$$R_\varepsilon = \sum_{j=1}^{n} x_j \alpha_j N n_e \Delta \varepsilon_j \tag{7.23}$$

式中，$\Delta\varepsilon_j$ 是反应 j 的能量损失，氩气放电过程的化学反应有 20 种，为了减轻计算负担，同时提高计算效率，根据文献只考虑几种重要的反应过程，对模型采用的主要反应过程进行简化，选取的反应如表 7.1 所示。

表 7.1　模型涉及的化学反应

反应	反应过程	速率系数/($\mathrm{cm^3/s}$)
1	$e^- + Ar \longleftrightarrow e^- + Ar$	a
2	$e^- + Ar \longleftrightarrow 2e^- + Ar^+$	a
3	$e^- + Ar \longleftrightarrow e^- + Ar^*$	a
4	$e^- + Ar^* \longleftrightarrow 2e^- + Ar^+$	a
5	$e^- + Ar_2^+ \longleftrightarrow 2Ar^*$	a
6	$Ar^* + Ar^* \longleftrightarrow e^- + Ar^+ + Ar$	5.0×10^{-10}
7	$Ar^+ + 2Ar \longleftrightarrow Ar + Ar_2^+$	2.5×10^{-31}

注：a 依赖于 EEDF。

表 7.1 中，a 代表电子碰撞反应速率系数，由碰撞截面数据对 EEDF 进行积分得

$$k_j = \gamma_e \int_0^\infty \varepsilon \sigma_j(\varepsilon) f(\varepsilon) \mathrm{d}\varepsilon \tag{7.24}$$

式中，$\sigma_j(\varepsilon)$ 表示第 j 个反应中的总碰撞截面面积，反应 6、反应 7 的反应速率系数从参考文献中获取。

等离子体中的电场强度 E 由泊松方程求解得到：

$$-\nabla \cdot \varepsilon_0 \varepsilon_r \nabla \varphi = \rho \tag{7.25}$$

$$E = -\nabla \varphi \tag{7.26}$$

式中，φ 为等离子体电势；ρ 为电荷密度，其计算式为

$$\rho = \sum_j Z_j e n_j - e n_e \tag{7.27}$$

式中，Z_j 为正离子粒子 j 的价数；n_j 为正离子粒子 j 的密度。

7.2.4　重粒子守恒方程

重粒子的质量守恒采用混合平均方法进行计算，对于粒子 k，满足的方程有

$$\rho_z \left(\frac{\partial \omega_k}{\partial t} \right) + \rho_z (u \cdot \nabla) w_k = \nabla \cdot j_k + R_k \tag{7.28}$$

式中，j_k 为扩散流矢量；R_k 为粒子 k 的反应速率方程；u 为重粒子的平流流速；ρ_z 为重粒子的混合密度；w_k 是第 k 种粒子的质量分数。其中扩散流矢量定义为

$$j_k = \rho_z w_k V_k \tag{7.29}$$

式中，V_k 为粒子 k 的扩散速度：

$$V_k = \sum_{j=1}^Q \tilde{D}_{kj} d_k - \frac{D_k^T}{\rho w_k} \nabla \ln T \tag{7.30}$$

其中，$\tilde{D}_{kj}$ 为多元 Maxwell-Stefan 扩散系数；T 为气体温度；D_k^T 是热扩散系数；d_k 为扩散驱动力，其表达式为

$$d_k = \frac{1}{cRT} \left(\nabla p_k - w_k \nabla p - \rho_k g_k + w_k \sum_{j=1}^Q \rho_j g_j \right) \tag{7.31}$$

c 为摩尔浓度，mol/m^3；p 为气压，Pa；p_k 为粒子 k 的分气压，Pa；R 为气体常数，$J/(mol·K)$；ρ_k 为粒子 k 的质量密度；g_k 为作用在粒子 k 的质量力。对于带电荷数 Z_k 的离子

$$g_k = \frac{Z_k F}{M_k} E \tag{7.32}$$

式中，F 为法拉第常数；E 为电场强度。

由理想气体公式 $p=cRT$，可得

$$d_k = \nabla x_k + \frac{1}{p}\left[(x_k - w_k)\nabla p - \rho w_k g_k + w_k \sum_{j=1}^{Q} \rho w_j g_j \right] \tag{7.33}$$

式中，ρ 为混合气体密度：$\rho = \frac{pM}{RT}$；x_k 为粒子 k 的摩尔分数：$x_k = \frac{w_k}{M_k} M$，其中 M 为气体平均摩尔质量：

$$\frac{1}{M} = \sum_{k=1}^{Q} \frac{w_k}{M_k} \tag{7.34}$$

粒子 k 的数密度计算式为

$$n_k = \frac{p}{k_b T} x_k \tag{7.35}$$

由多组分 Maxwell-Stefan 扩散系数可计算得到多组分 Fick 扩散系数 D_{kj}：

$$D_{kj} = \frac{x_k x_j}{w_k w_j} \cdot \frac{\sum_{i=k} \tilde{D}_{kj}(adjB_k)_{ij}}{\sum_{i=k}(adjB_k)_{ij}} \tag{7.36}$$

式中，$(B_k) = -\tilde{D}_{ij} + \tilde{D}_{kj}$。

在等离子体模型中，还需要满足以下条件：①扩散通量和为 0：$\sum_{k=1}^{Q} \rho w_k V_k = 0$；

②热扩散系数之和为零：$\sum_{k=1}^{Q} D_k^T = 0$；③多组分 Maxwell-Stefan 扩散系数对称：

$D_{kj} = D_{jk}$；④摩尔分数之和为 1：$\sum_{k=1}^{Q} x_k = 1$。

粒子的扩散率可由爱因斯坦关系式得出：$\dfrac{D_{kj}}{\mu_{kj}} = \dfrac{k_{\mathrm{b}}T}{q}$，其中 k_{b} 为 Boltzmann 常量，q 为单位电荷，μ_{kj} 为迁移率。

式 (7.28) 中的源项 R_k 由化学反应计算得到：$R_k = M_k \displaystyle\sum_{j=1}^{N} v_{kj} r_j$，其中 v_{kj} 为化学计量矩阵，r_j 为化学反应 j 的反应速率，由粒子摩尔浓度及反应顺序决定：

$$r_j = k_{f,j} \prod_{k=1}^{Q} c_k^{v'_{kj}} - k_{r,j} \prod_{k=1}^{Q} c_k^{v''_{kj}} \tag{7.37}$$

式中，c_k 为粒子 k 的摩尔浓度：$c_k = \dfrac{px_k}{RT}$；$k_{f,j}$ 为第 j 种反应的前向反应系数；v'_{kj} 为其化学反应计量矩阵；$k_{r,j}$ 为第 j 种反应的后向反应系数；v''_{kj} 为其化学反应计量矩阵；反应系数 k_j 由 Arrhenius 法则得到：$k_j = A_j T^{\beta} \exp\left(-\dfrac{E_j}{RT}\right)$，其中 A_j 为第 j 种反应的反应频率因子，β 为温度指数，E_j 为第 j 种反应的活化能。

7.2.5 电磁场计算

腔体中的矢量磁势分布由频域的安培定律求解得到：

$$(j\omega\sigma - \omega\varepsilon_0\varepsilon_{\mathrm{r}})A + \nabla \times (\mu_0^{-1}\mu_{\mathrm{r}}^{-1}\nabla \times A) = J_{\mathrm{e}} \tag{7.38}$$

式中，σ 为电导率：$\sigma = n_{\mathrm{e}}e^2 / [m_{\mathrm{e}} / (j\omega + v_{\mathrm{m}})]$；$\varepsilon_0$ 为真空中的介电常数；ε_{r} 为相对介电常数；A 为矢量磁势；μ_0 为真空中的磁导率；μ_{r} 为相对磁导率；J_{e} 为线圈电流。由法拉第定律，该磁场会在腔体中感应出电场：$E = -j\omega A$。

因此等离子体输入功率为

$$P_{\mathrm{ind}} = (1/2)\mathrm{real}(E \cdot J) \tag{7.39}$$

式中，$J = \sigma E$ 为腔体内的感应电流。

本章研究的气压范围小于 150Pa，此时无碰撞的随机加热是一种重要的加热机制，在流体模型中增加一个自由度的电子漂移速度 u_ϕ 来描述随机加热：

$$n_{\mathrm{e}}u_\phi j\omega t + nev_{\mathrm{m}}u_\phi - \eta_{\mathrm{eff}}\nabla \cdot (n_{\mathrm{e}}\nabla u_\phi) = -\dfrac{e}{m_{\mathrm{e}}}n_{\mathrm{e}}E_\phi \tag{7.40}$$

式中，$\eta_{\mathrm{eff}} = \left(\dfrac{c^2 v_{\mathrm{th}}^4}{\pi \omega_{\mathrm{p}}^2 \omega}\right)^{\frac{1}{3}}$ 是等效黏度系数，随机加热对等离子体电流的贡献是：$J_\phi = en_{\mathrm{e}}u_\phi$。

7.2.6　初始条件和边界条件设置

为减少计算量，这里以纯氩气为放电气体。忽略杂质气体对放电的影响。放电过程中的初始电子密度设置为 $n_{e0}=1\times10^{13}\,\mathrm{m}^{-3}$，初始电子温度设置为 $T_{e0}=2\mathrm{eV}$。在放电过程中，认为气压和温度为常数，温度固定为 300K，气压根据实验设置，由真空阀调节确定，在放电过程中，射频匹配器自动将反射功率控制在射频电源输出功率 3%以内，因此在模型中的线圈输入功率设置为实验中的射频电源输出功率。

本节建立的边界条件考虑以下方面：①由于电子流出壁面通量而无流进壁面通量而造成的丢失；②正离子撞击壁面产生的二次电子发射以及激发态粒子与壁面产生的热电子发射导致电子的增加。边界反应主要选取如表 7.2 所示。

表 7.2　边界反应

反应	反应过程	黏附系数
1	Ars ⟷ Ar	1
2	Ar+ ⟷ Ar	1

边界的电子通量、能量密度可以由如下方程取得：

$$-n\cdot\Gamma_e=\frac{1-R}{1+R}\left(\frac{1}{2}v_{e,\mathrm{th}}n_e\right)-\frac{2}{1+R}(1-a)\left(\sum_p\gamma_p(\Gamma_p\cdot n)\right) \tag{7.41}$$

$$-n\cdot\Gamma_\varepsilon=\frac{1-R}{1+R}\left(\frac{5}{6}v_{e,\mathrm{th}}n_\varepsilon\right)-\frac{2}{1+R}(1-a)\left(\sum_p\gamma_p\overline{\varepsilon}_p(\Gamma_p\cdot n)\right) \tag{7.42}$$

式中，Γ_e 为电子通量；Γ_ε 为电子能量通量；R 为反射率；$v_{e,\mathrm{th}}$ 为电子热速度：$v_{e,\mathrm{th}}=\sqrt{\dfrac{8k_bT_e}{\pi m_e}}$；$\gamma_p$ 为粒子 p 的二次电子发射系数，当电子通量朝向壁面方向时 a 为 1，反之为 0；$\overline{\varepsilon}_p$ 为粒子 p 的平均电子发射能量；Γ_p 为粒子 p 的离子通量。

7.3　石英夹层感性耦合等离子体放电的参数分布

7.3.1　石英夹层感性耦合等离子体放电参数的时空演化规律

1. 电子密度的时空演化规律

当气压为 1Pa、功率为 300W 时，电子密度空间分布随时间进程的演化规律如图 7.8(a)～(e)所示，当 $t=10^{-8}$s 时，由射频线圈感应产生的二次感生电场开始电离氩气，此时电子密度比模型设定的初始值稍大。当 $t=10^{-7}$s 时，电子密度主要集中在线圈附近，这是由于射频线圈会在射频趋肤层内感应出较强的加热电场，通过加热电场将功率耦合给氩气，使氩气电离产生电子，从而使得加热场内电子密度升高。

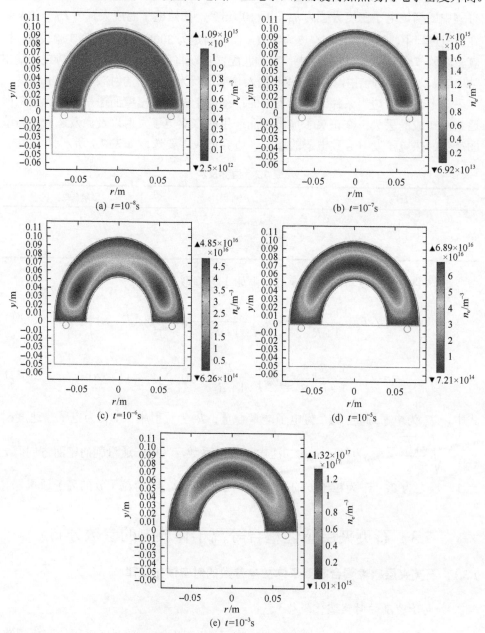

图 7.8　不同时刻电子密度的分布

由图 7.8(c)～(e) 可以看出当 $t=10^{-6}\sim10^{-3}$s 时，电子密度峰值区由线圈附近逐渐向中心区域移动，为解释这种现象，图 7.9(a) 和(b) 给出了不同时刻腔体内的电势分布，由于在低气压下电子-中性粒子碰撞的平均自由程尺寸与腔体尺寸差不多，此时随着电子的扩散迁移，电势分布的峰值区由线圈附近的加热场区逐渐转移至腔体中心区域，由于气体的电离率主要由放电区域的双极性电势决定，因此中心位置处的电离率逐渐大于线圈的加热场区，另外，占比较多的低能电子受电场力作用会在腔体中心处的电子峰值区积累，这会导致电势的减小。当 $t=10^{-3}$s 时，这一过程达到动态平衡，此时电子密度峰值最大为 1.32×10^{17}m^{-3}。

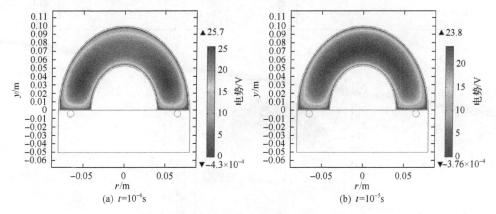

图 7.9　不同时刻电势的分布

2. 电子温度的时空演化规律

电子温度 T_e 是表征电子能量的参数，直接影响等离子体中各类化学反应速率和能量传递过程，对碰撞频率分布有重要影响。当 $t=10^{-8}$s 时，在靠近放电线圈部分电子温度较高，这主要是由于此时射频功率开始通过线圈耦合给趋肤层内的电子，该位置处电子能量较高，运动较频繁。当 $t=10^{-8}\sim10^{-5}$s 时，加热区内的电子通过碰撞过程将能量向中心区域扩散，使得整个腔体内电子温度分布趋于均匀，同时其峰值不断降低。当 $t=10^{-5}\sim10^{-3}$s 时，电子温度的分布逐渐趋于稳定，这是由于此时电子从加热场内获取的能量和通过碰撞使气体电离维持放电过程损失的能量达到平衡。在整个放电过程中，电子温度峰值始终处于线圈附近而不是像电子密度一样逐渐向中心区域移动，这是由于电子在射频线圈附近的加热场内可以获得较多能量，而由于扩散作用向腔体中心运动过程中，电子通过碰撞作用会不断损失能量，从而使得中心区域附近电子温度低于线圈附近电子温度。

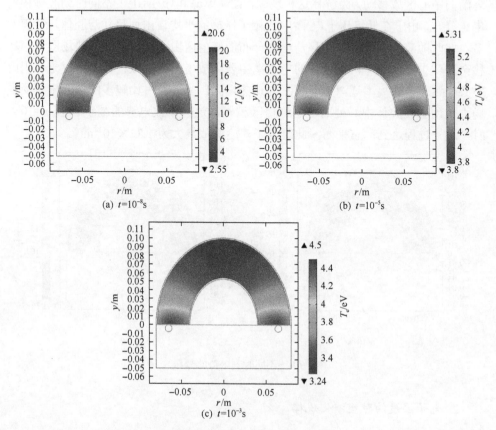

图 7.10　不同时刻电子温度的分布

7.3.2　放电条件对等离子体参数分布的影响

　　本节基于流体模型对不同气压和放电功率条件下等离子体参数分布进行了研究，气压条件为 1Pa、10Pa、100Pa，功率范围为 300～700W。

　　不同放电条件对 EEDF 的影响如图 7.11（a）和（b）所示，图 7.11（a）是气压均为 1Pa 时，不同放电功率对 EEDF 的影响，此时 EEDF 主要表现为双温 Maxwell 分布，存在较长的高能拖尾区，同时可以看出随着功率增加，EEDF 高能拖尾不断延伸而低能区域基本不变，这是由于功率的增加有效提高了注入加热场区的能量，从而增加了高能区电子能量，而低能区的电子主要被双极性电势约束在腔体中心区域，功率的增加对其影响有限。

图 7.11(b) 表示放电功率分别在 300W 和 400W 时，不同放电气压对 EEDF 分布的影响，可以看出随着气压的增加，EEDF 的高能拖尾不断缩短，这是由于随着气压增加，等离子体内部电子-中性粒子碰撞变得更加频繁，欧姆加热过程更加活跃，加热场区处电子损失的能量更多，使得 EEDF 的高能拖尾萎缩，其分布逐渐接近于 Maxwell 分布。

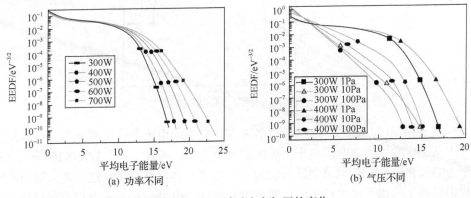

(a) 功率不同　　　　　　　　　(b) 气压不同

图 7.11　EEDF 随功率和气压的变化

图 7.12(a) 为气压为 1Pa、功率为 300W 下的电子密度空间分布。图 7.12(b) 为气压为 1Pa、不同放电功率下电子密度在腔体径向参数提取路径上的分布，该路径如图 7.13 所示。可以看出，随着功率的增大，电子密度值不断提高，当放电功率由 300W 增加至 700W 时，电子密度峰值从 $1.32 \times 10^{17} \mathrm{m}^{-3}$ 增加至 $6.05 \times 10^{17} \mathrm{m}^{-3}$，同时可以看出功率的变化基本上不影响电子密度的空间分布形态。由图 7.12(a) 可知，功率增加使 EEDF 高能拖尾延长，主要对加热区内的电子运动产生影响，使射频趋肤层内碰撞电离增强，从而有效提高电子密度，而对电子离开加热场区后的扩散输运过程影响较小，因此空间分布梯度基本不受影响。

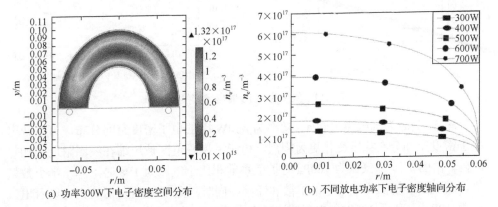

(a) 功率300W下电子密度空间分布　　　(b) 不同放电功率下电子密度轴向分布

图 7.12　气压为 1Pa 时电子密度的分布

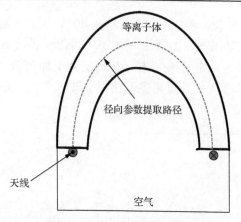

图 7.13　径向参数提取路径

　　图 7.14(a) 为气压为 10Pa、功率为 300W 下的电子密度空间分布，可以发现气压从 1Pa 增加到 10Pa，电子密度峰值显著增加，从 1Pa 下的 $1.32 \times 10^{17} \mathrm{m}^{-3}$ 上升至 $2.93 \times 10^{17} \mathrm{m}^{-3}$，同时峰值区域由腔体中心位置转移至两侧，这一现象可由不同放电条件下等离子体中粒子的扩散理论来解释，由 Boltzmann 方程求解模块计算得到的在不同气压条件下 ICP 的扩散系数如图 7.15 所示，可以看出随着气压升高，低能区的电子扩散系数大大降低，使得扩散至腔体中心的电子数量降低。图 7.14(b) 为不同放电功率下腔体中轴线路径上电子密度的分布，可以看出随着功率增加，电子密度呈线性增加。

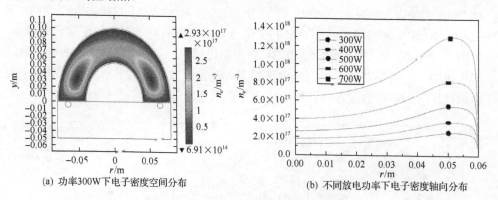

(a) 功率300W下电子密度空间分布　　　　　　(b) 不同放电功率下电子密度轴向分布

图 7.14　气压为 10Pa 时电子密度的分布

　　图 7.16(a) 为气压为 100Pa、功率为 300W 下的电子密度空间分布，可以看出电子密度空间分布梯度变化更为剧烈，电子密度峰值区被压缩在线圈附近的加热区内，由图 7.15 知气压为 100Pa 时扩散系数相比于气压为 1Pa 时下降了半个数量级，高气压环境阻止了电子的扩散和迁移。同时与图 7.14 进行对比，可以看出气压由 10Pa 上升至 100Pa，电子密度反而下降，这是因为气压由 1Pa 上升至 10Pa

时，欧姆加热取代随机加热成为等离子体内部最主要的加热模式，功率耦合效率得到有效的提升，从而使电子密度有效增加，而当气压由 10Pa 继续上升至 100Pa 时，此时欧姆加热虽然仍为主导的加热模式，但过高气压会导致电离率下降从而使得电子密度下降。

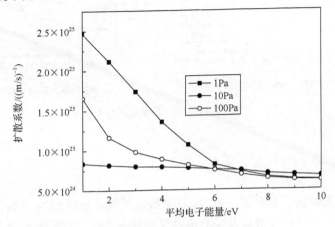

图 7.15　扩散系数随气压的变化值

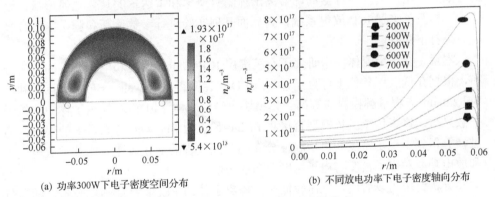

(a) 功率300W下电子密度空间分布　　　　　(b) 不同放电功率下电子密度轴向分布

图 7.16　气压为 100Pa 时电子密度的分布

图 7.17(a) 为气压为 1Pa、不同放电功率下的电子温度径向分布，可以看出随着功率增加，电子温度逐渐降低，一方面是由于增加放电功率会提高电子-中性粒子碰撞频率，从而使电子损失更多能量；另一方面功率的增加使得电子密度增加，有效缩短了电子加热距离，使得电子在加热场中获得的能量减少，从而导致电子温度的下降。同时可以看出在靠近线圈处电子温度较高，这是因为在加热场中电场作用较强，电子能获取较高的能量。图 7.17(b) 为功率为 300W、不同放电气压下电子温度的轴向分布，可以看出随着气压增加，电子温度明显降低，这主要是由于随着气压升高，粒子碰撞频率大大加强，电子能量损失增加，使得电子温度下降。

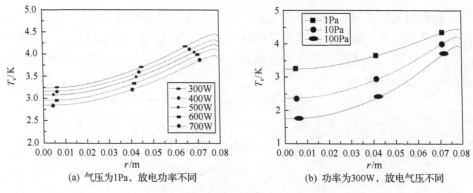

(a) 气压为1Pa，放电功率不同　　　　　　(b) 功率为300W，放电气压不同

图 7.17　　电子温度空间分布

7.4　本 章 小 结

本章首先研究了 ICP 放电机理、功率吸收模式及随机加热-欧姆加热模式转变现象，为下一步开展实验以及建立流体模型打下基础，立足于实现 ICP 在雷达罩隐身中的应用，结合飞行器局部等离子体隐身概念和雷达罩的具体几何形状，设计了一种石英夹层 ICP 放电系统，为后面开展实验进行参数诊断和测量电磁波衰减效果打下基础。

本章主要采用流体模型研究了石英夹层 ICP 中电子密度和电子温度的空间分布，根据在低气压条件下等离子体中 EEDF 会偏离 Maxwell 分布的特点，利用 Boltzmann 方程求解模块与等离子体模块自洽地求解 EEDF 和等离子体中的粒子扩散系数，修正传统流体模型直接将 EEDF 预设为 Maxwell 分布带来的误差，通过计算得到了电子密度和电子温度分布随时间进程的演化规律，比较了放电气压和放电功率对电子密度与电子温度分布的影响。

分析结果可以看出，气压较低时，等离子体的 EEDF 高能拖尾较长，随着气压升高，高能拖尾逐渐萎缩，接近于 Maxwell 分布，同时功率的增加对 EEDF 的低能区影响不大而会使其高能拖尾逐渐延伸。当气压为 1Pa 时，由于电子的扩散作用，电子密度峰值区会从加热场区逐渐向腔体中心处移动，随着功率的增大，电子密度呈线性增长且其分布梯度基本不变，随着气压升高，电子密度分布梯度增加，且电子密度峰值区逐渐被限制在线圈附近的加热场区；气压由 1Pa 升高至 10Pa 时，由于欧姆加热取代随机加热成为主要的功率吸收模式，电子密度得到有效升高；气压由 10Pa 继续升高至 100Pa 时，由于电离率的降低，电子密度反而下降。电子温度的分布始终较均匀且在加热场区附近取得最大值，随着功率和气压的增加，电子温度均逐渐降低，且气压的升高会使得电子温度梯度增加。

第8章 石英夹层感性耦合等离子体放电系统及隐身应用研究

本章首先介绍 FDTD 方法的原理，建立等离子体与电磁波相互作用的 ZT-FDTD 模型，计算不同放电气压和放电功率条件下石英夹层 ICP 等离子体覆盖金属平板对电磁波的反射率；然后利用弓形微波反射测试系统，开展实验对 ICP 的电磁波衰减率进行测试，并与计算值进行对比分析。

8.1 石英夹层感性耦合等离子体与电磁波相互作用的数值模拟

8.1.1 时域有限差分方法原理

FDTD 方法是由 Yee 在 1966 年提出的一种电磁场数值计算方法，其基本原理是采用交替采样的方式对电磁场在时间和空间上的分布进行离散，从而将 Maxwell 方程组在时间域上转换成一组差分方程，并从时间轴上逐步推进从而求解出空间电磁场。

目前已有相关学者利用 FDTD 方法对等离子体隐身效果进行计算，如孟刚等 (2008) 利用 FDTD 方法计算了一种薄层等离子体天线罩的隐身效果，其中假设等离子体为均匀分布；刘少斌等 (2002) 利用 FDTD 方法计算了在电子密度分别为均分布、线性分布、Epstein 分布及不同温度下的等离子体对电磁波的反射系数；刘崧等 (2009) 利用龙格-库塔指数时程差分时域有限差分 (RKETD-FDTD) 法研究了等离子体平板和等离子体覆盖导体柱的电磁散射特性，其中覆盖导体柱的等离子体近似为抛物线分布。

前述研究对等离子体参数空间分布普遍采用假设分布，如线性分布、二次分布、指数分布，直接利用假设分布构建 FDTD 模型计算等离子体的电磁散射特性，没有较好地解决等离子体放电与电磁散射特性计算的耦合问题，不能较好地反映实际分布的等离子体源对覆盖目标电磁散射特性的影响。针对前述工作存在的不足，本章采用第 7 章流体模型得到的电子密度空间分布与电子温度空间分布来取代传统计算模型中的假设分布，在此基础上建立 ZT-FDTD，利用自编的 ZT-FDTD 程序计算不同放电条件下石英夹层 ICP 的电磁散射特性。

在计算之前，首先介绍 FDTD 方法的原理，在时域内，Maxwell 方程组的微分表达式为

$$\begin{cases} \nabla \times H = \mu \dfrac{\partial H}{\partial t} + \sigma E \\[3mm] \nabla \times E = -\varepsilon \dfrac{\partial E}{\partial t} - \sigma_{\mathrm{m}} H \end{cases} \tag{8.1}$$

式中，E 为电场强度；B 为磁感应强度；H 为磁场强度；σ 为电导率；σ_{m} 为磁电阻率。在 TM 波情况下，该表达式在直角坐标下为

$$\begin{cases} \dfrac{\partial E_z}{\partial y} = -\mu \dfrac{\partial H_x}{\partial t} - \sigma_{\mathrm{m}} H_x \\[3mm] \dfrac{\partial E_z}{\partial x} = \mu \dfrac{\partial H_y}{\partial t} + \sigma_{\mathrm{m}} H_y \\[3mm] \dfrac{\partial H_y}{\partial x} - \dfrac{\partial H_x}{\partial y} = \varepsilon \dfrac{\partial E_z}{\partial t} + \sigma E_z \end{cases} \tag{8.2}$$

在 FDTD 离散时，Yee 元胞如图 8.1 所示。

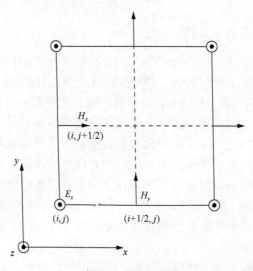

图 8.1　Yee 元胞

相邻的电场分量和磁场分量在 x 和 y 方向上均相差半个步长 $\dfrac{\Delta x}{2} = \dfrac{\Delta y}{2}$，在时间轴上相差半个时间步，进行抽样，令 $f(x,y,t)$ 代表 E 或 H 在坐标轴上某一分量，则其离散后在时间域和空间域中可表示为

$$f(x, y, t) = f(i\Delta x, j\Delta y, n\Delta t) = f^n(i, j) \tag{8.3}$$

则 FDTD 公式为

$$
\left\{
\begin{aligned}
&H_x^{n+\frac{1}{2}}\left(i,j+\frac{1}{2}\right) = H_x^{n-\frac{1}{2}}\left(i,j+\frac{1}{2}\right)\frac{1-\dfrac{\sigma_{\mathrm m}\Delta t}{2\mu}}{1+\dfrac{\sigma_{\mathrm m}\Delta t}{2\mu}} - \frac{1}{1+\dfrac{\sigma_{\mathrm m}\Delta t}{2\mu}}\frac{\Delta t}{\mu\Delta y}\Big[E_z^n(i,j+1)-E_z^n(i,j)\Big] \\[2mm]
&H_y^{n+\frac{1}{2}}\left(i+\frac{1}{2},j\right) = H_y^{n-\frac{1}{2}}\left(i+\frac{1}{2},j\right)\frac{1-\dfrac{\sigma_{\mathrm m}\Delta t}{2\mu}}{1+\dfrac{\sigma_{\mathrm m}\Delta t}{2\mu}} + \frac{1}{1+\dfrac{\sigma_{\mathrm m}\Delta t}{2\mu}}\frac{\Delta t}{\mu\Delta x}\Big[E_z^n(i+1,j)-E_z^n(i,j)\Big] \\[2mm]
&E_y^{n+1}(i,j) = \frac{1-\dfrac{\sigma_{\mathrm m}\Delta t}{2\mu}}{1+\dfrac{\sigma_{\mathrm m}\Delta t}{2\mu}}E_y^n(i,j)+\cdots+ \\[2mm]
&\quad \frac{1}{1+\dfrac{\sigma_{\mathrm m}\Delta t}{2\mu}}\left\{\frac{\Delta t}{\varepsilon\Delta x}\left[H_y^{n+\frac{1}{2}}\left(i+\frac{1}{2},j\right)-H_y^{n+\frac{1}{2}}\left(i-\frac{1}{2},j\right)\right]-\frac{\Delta t}{\varepsilon\Delta y}\left[H_x^{n+\frac{1}{2}}\left(i,j+\frac{1}{2}\right)-H_x^{n+\frac{1}{2}}\left(i,j-\frac{1}{2}\right)\right]\right\}
\end{aligned}
\right.
\tag{8.4}
$$

由 Maxwell 方程可知二维 TM 波中电磁场任意直角分量均满足齐次波动方程：

$$
\frac{\partial^2 f}{\partial x^2}+\frac{\partial^2 f}{\partial y^2}+\frac{\omega^2}{c^2}f=0
\tag{8.5}
$$

其平面波解为

$$
f(x,y,t)=f_0\exp\big[-\mathrm j(k_x x+k_y y-\omega t)\big]
\tag{8.6}
$$

本章采用了二阶差分近似，即

$$
\frac{\partial^2 f}{\partial x^2}\approx\frac{f(x+\Delta x)-2f(x)+f(x-\Delta x)}{\Delta x^2}
\tag{8.7}
$$

将式(8.6)代入式(8.7)中可得

$$
\frac{\partial^2 f}{\partial x^2}\approx\frac{\exp(\mathrm j k_x\Delta x)-2+\exp(-\mathrm j k_x\Delta x)}{\Delta x^2}f=-\frac{\sin^2\left(\dfrac{k_x\Delta x}{2}\right)}{\left(\dfrac{\Delta x}{2}\right)^2}f
\tag{8.8}
$$

因此波动方程的离散式为

$$\frac{\sin^2\left(\dfrac{k_x\Delta x}{2}\right)}{\left(\dfrac{\Delta x}{2}\right)^2}+\frac{\sin^2\left(\dfrac{k_y\Delta y}{2}\right)}{\left(\dfrac{\Delta y}{2}\right)^2}-\frac{\omega^2}{c^2}=0 \tag{8.9}$$

式中，$c=1/\sqrt{\varepsilon\mu}$ 为介质中光速，这一等式可得波动方程离散后波矢量 $k=(k_x,k_y)$ 和频率 ω 之间的关系式，即色散关系。根据式(8.9)，同时由数值稳定性要求可得

$$\left(\frac{c\Delta t}{2}\right)^2\left[\frac{\sin^2\left(\dfrac{k_x\Delta x}{2}\right)}{\left(\dfrac{\Delta x}{2}\right)^2}+\frac{\sin^2\left(\dfrac{k_y\Delta y}{2}\right)}{\left(\dfrac{\Delta y}{2}\right)^2}\right]=\left(\frac{\omega\Delta t}{2}\right)^2\leqslant 1 \tag{8.10}$$

式(8.10)对任意 k_x、k_y 均成立的充分条件为

$$(c\Delta t)^2\left[\frac{1}{(\Delta x)^2}+\frac{1}{(\Delta y)^2}\right]\leqslant 1 \tag{8.11}$$

即对于二维 FDTD 问题，其稳定性约束条件为

$$c\Delta t\leqslant\frac{1}{\sqrt{\dfrac{1}{(\Delta x)^2}+\dfrac{1}{(\Delta y)^2}}} \tag{8.12}$$

8.1.2　电磁波与等离子体相互作用的 ZT-FDTD 模型

在非磁化碰撞等离子体中，其频率本构关系为

$$\begin{cases} B=\mu E \\ D(\omega)=\varepsilon(\omega)E(\omega) \end{cases} \tag{8.13}$$

式中，$\varepsilon(\omega)$ 为介电系数，在频域内其表达式为

$$\varepsilon(\omega)=\varepsilon_0\left(\varepsilon_\infty+\frac{1}{\mathrm{j}\omega\varepsilon_0}\left(\sigma+\frac{\varepsilon_0\omega_p^2}{\nu_m}\right)-\frac{\omega_p^2/\nu_m}{\nu_m+\mathrm{j}\omega}\right) \tag{8.14}$$

引入辅助变量 I 和 S，令

$$\begin{cases} I(\omega)=\dfrac{\sigma+\varepsilon_0\omega_p^2/\nu_m}{\mathrm{j}\omega\varepsilon_0}E(\omega) \\[3mm] S(\omega)=-\dfrac{\omega_p^2/\nu_m}{\nu_m+\mathrm{j}\omega}E(\omega) \end{cases} \tag{8.15}$$

因此有

$$D(\omega) = \varepsilon_0 \left[\varepsilon_\infty E(\omega) + I(\omega) + S(\omega) \right] \tag{8.16}$$

对式 (8.16) 进行 Z 变换可得

$$D(z) = (\varepsilon_0 \varepsilon_\infty + \sigma \Delta t) E(z) + \varepsilon_0 z^{-1} I(z) + \varepsilon_0 \exp(-\nu_m \Delta t) z^{-1} S(z) \tag{8.17}$$

因此有

$$E(z) = \frac{D(z) - \varepsilon_0 z^{-1} I(z) - \varepsilon_0 \exp(-\nu_m \Delta t) z^{-1} S(z)}{\varepsilon_0 \varepsilon_\infty + \sigma \Delta t} \tag{8.18}$$

根据 Z 域和离散时间域对应关系和位移定理，可以将式 (8.18) 中各项分别进行替换：$E(z) \to E^n$，$D(z) \to D^n$，$z^{-1} I(z) \to I^{n-1}$，$z^{-1} S(z) \to S^{n-1}$。于是对应的离散形式为

$$E^n = \frac{D^n - \varepsilon_0 I^{n-1} - \varepsilon_0 \exp(-\nu_m \Delta t) S^{n-1}}{\varepsilon_0 \varepsilon_\infty + \sigma \Delta t} \tag{8.19}$$

$$\begin{cases} I^n = I^{n-1} + \left(\sigma + \dfrac{\varepsilon_0 \omega_p^2}{\nu_m} \right) \dfrac{\Delta t}{\varepsilon_0} E^n \\[4mm] S^n = \exp(-\nu_m \Delta t) S^{n-1} - \dfrac{\omega_p^2 \Delta t}{\nu_m} E^n \end{cases} \tag{8.20}$$

因此等离子体的 ZT-FDTD 时域步进计算可归结为以下步骤：

(1) $(D^n, S^{n-1}, I^{n-1}) \to E^n$；

(2) $E^n \to I^n$；

(3) $E^n \to S^n$；

(4) $E^n \to H^{n+\frac{1}{2}}$；

(5) $H^{n+\frac{1}{2}} \to D^{n+1}$。

图 8.2 为电磁波在 ICP 中传播的 ZT-FDTD 模型，求解流体模型得到的电子密度和电子温度空间分布，结合式 (7.1) 和式 (7.2) 可得到与等离子体电磁散射相关的等离子体振荡频率及碰撞频率空间分布。为简化模型，在计算中不考虑石英玻璃对电磁波传播的影响，采用平面波源作为电磁波激励源，其波形为覆盖雷达波主要频段的高斯脉冲。

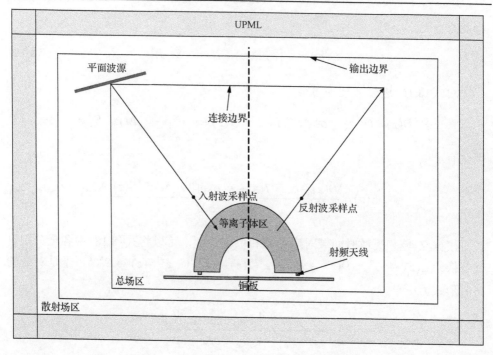

图 8.2　电磁波在 ICP 中传播的 ZT-FDTD 模型

在计算过程中，Yee 元胞尺寸是需要重点考虑的问题，一方面，Yee 元胞尺寸越小，FDTD 计算解越趋近于问题的真实解；另一方面，Yee 元胞尺寸过小会导致内存占用过大，使得处理速度变慢，本章将 Yee 元胞尺寸取为高斯脉冲频谱中最高频率对应波长的 1/60，高斯脉冲覆盖频率为 0.2～20GHz，最高频率为 20GHz，因此 Yee 元胞尺寸为：$\Delta x = \Delta y = 0.25$mm，同时根据 8.1.1 节提出的稳定约束性条件将时间步长取为

$$\Delta t = \frac{\Delta x}{c\sqrt{2}} = 0.0589\text{ps} \tag{8.21}$$

在二维 FDTD 计算空间，电场分量和磁场分量均以离散的形式定义，相关的介质也以相同的形式定义，在计算过程中，Yee 元胞分界面处电磁参数的选取对结果准确性影响较大，而等离子体电子密度及电子温度在空间中是连续分布的，因此采用传统等效方式对该处电磁参数进行采样会出现较大的计算误差，本章采用了加权体积平均法，将 Yee 单元中每一个介质单元划分为 4 个子网格，如图 8.3 所示，对于 TM 波，ε 和 σ 的值取为环绕 E_z 分量的四个介质分量的平均值，其中 ε 和 σ 均根据流体模型得到的结果计算得出：

$$\varepsilon(i,j) = \frac{\varepsilon_1 + \varepsilon_2 + \varepsilon_3 + \varepsilon_4}{4} \tag{8.22}$$

$$\sigma(i,j) = \frac{\sigma_1 + \sigma_2 + \sigma_3 + \sigma_4}{4} \tag{8.23}$$

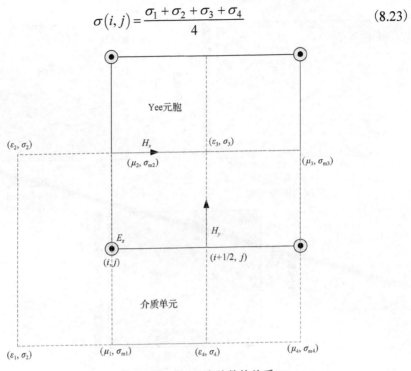

图 8.3 介质单元与 Yee 元胞总数的关系

在计算过程中，将等离子体对电磁波的反射率定义为反射波采样点处电场强度幅值与入射波采样点处电场强度幅值之比，即

$$\eta_{\mathrm{Ref}} = 20\lg\left|\frac{E(\omega,z)}{E_0}\right| \tag{8.24}$$

8.1.3 石英夹层感性耦合等离子体反射率的计算结果分析

图 8.4 是气压为 1Pa、功率为 300W 时，电磁波在 ICP 中的传播过程。在时间步为 600 时，高斯脉冲开始进入等离子体边界，由于此时在石英舱头部电子密度较高，其电磁波截止频率较高，高斯脉冲中频率低于截止频率的分量会发生反射，形成能量较低的反射波并从等离子体区域进入空气中，同时由于等离子体的吸收作用，入射波的幅度被衰减，在电磁波逐渐推进并在等离子体区域传播过程中，在电子密度峰值区会出现一个波源，从该波源处发出较微弱的反射波并从等离子体区进入空气，电磁波在传播至金属板后发生反射再次进入等离子体，此时总的反射波主要由两部分构成，即在等离子体区产生的微弱反射波和入射波经过等离子体由金属板反射的回波。从图中可以看出等离子体可使电磁波造成有效的衰减作用。

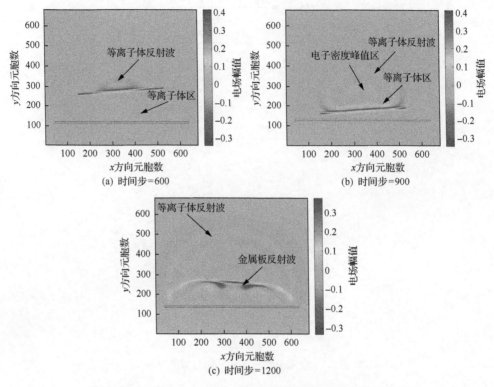

图 8.4 气压为 1Pa、功率为 300W 时电磁波在 ICP 中的传播过程

　　图 8.5 是气压为 10Pa、功率为 300W 时电磁波在 ICP 中的传播过程。此时电子密度峰值区被压缩在线圈附近的加热场区，相比于气压为 1Pa 时，此时的反射波更加复杂，如图 8.5(a) 和 (b) 所示，电磁波在等离子体区域传播过程中，在两侧的加热场区中近似组成了两个点波源并不断向外发出微弱的反射波。

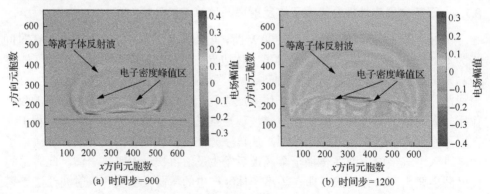

图 8.5 气压为 10Pa、功率为 300W 时电磁波在 ICP 中的传播过程

图 8.6 是气压为 100Pa、功率为 300W 时电磁波在 ICP 中的传播过程。此时电子密度分布被严重压缩在加热场内，在头部区域由于电子密度较小，等离子体对电磁波的衰减作用不明显。与在气压为 10Pa 时一样，等离子体中连续的反射波在电子密度峰值区近似组成了两个点波源。

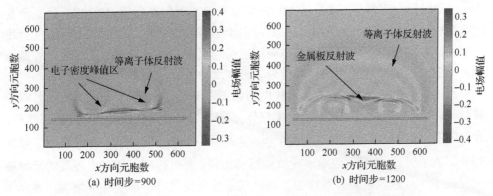

(a) 时间步=900　　　　　　　　　(b) 时间步=1200

图 8.6　气压为 100Pa、功率为 300W 时电磁波在 ICP 中的传播过程

图 8.7 为气压为 1Pa、放电功率分别为 300W、500W、700W 时石英夹层 ICP 对电磁波的反射率计算结果，计算频段为 0~20GHz，可以发现低气压下石英夹层 ICP 对电磁波的衰减呈现很明显的带阻特征，在电磁波频率较高或较低时，等离子体对电磁波的反射率较高而衰减较弱，衰减带主要集中在等离子体频率附近的峰值区，这是由于此时气压较低，电子-中性粒子碰撞频率较低，等离子体对电磁波的碰撞吸收作用较弱，此时等离子体对电磁波吸收作用主要以共振吸收为

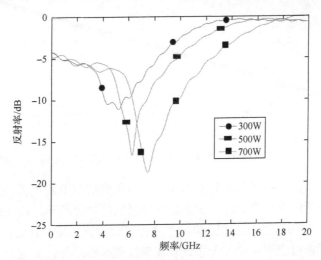

图 8.7　气压为 1Pa、功率不同时石英夹层 ICP 对电磁波的反射率

主，在电磁波频率小于等离子体特征频率时，等离子体对电磁波的高通特性使得此时电磁波无法进入等离子体区内部形成衰减，而在电磁波频率远高于等离子体特征频率时，电子运动跟不上电磁波的变化，使得电子没有极化作用，无法使电磁波产生衰减，随着放电功率增加，电子密度增加，反射率的谷值区向高频方向移动，同时反射率峰值减小，在700W时取得最小反射率谷值–18.3dB，衰减带宽也随着放电功率增加而增加，这主要是由于随着放电功率的增加，电子密度呈线性增加，在特征频率附近的入射电磁波能引起更多的电子响应，从而使得等离子体对电磁波的衰减效果增强，同时衰减带宽增加。

图8.8为气压为10Pa、不同放电功率下石英夹层ICP对电磁波的反射率计算结果，可以发现在10Pa下反射率整体分布与1Pa下大致类似，呈现带阻特征，同时随着气压由1Pa升高到10Pa，由 $\nu_\mathrm{m}=1.52\times10^7\times P\times\sqrt{T_\mathrm{e}}$ 可知此时电子碰撞频率提高了大约10倍，碰撞衰减效果得到加强，此时等离子体对电磁波的反射率明显减小，且衰减带宽有效增加。同时气压升高使得电子密度梯度增加，等离子体对入射电磁波的反射波变得更加繁杂，反射系数曲线的波动增加，出现振铃现象。

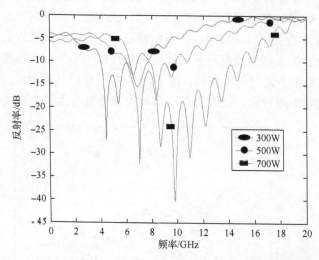

图8.8　气压为10Pa、功率不同时石英夹层ICP对电磁波的反射率

图8.9为气压为100Pa、不同放电功率下石英夹层ICP对电磁波的反射率计算结果，随着电子碰撞频率的进一步增加，碰撞吸收效果增强，在100Pa条件下电子密度峰值与10Pa条件下相似，但由于碰撞吸收效果的增加，反射率得到有效减小，同时电子密度空间梯度变大导致衰减系数曲线波动特性加强。

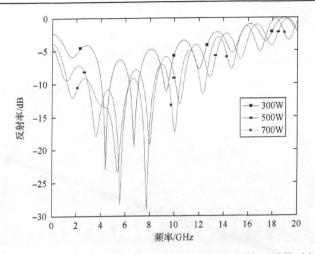

图 8.9　气压为 100Pa、功率不同时石英夹层 ICP 对电磁波的反射率

8.2　石英夹层感性耦合等离子体电磁波衰减率的测量

8.2.1　实验设计

本节通过实验对不同气压及放电功率下石英夹层 ICP 电磁波衰减效果进行测量，实验系统主要由石英夹层 ICP 放电装置与弓形微波反射测量系统组成，放电装置在第 2 章中已有详细介绍，这里不再赘述，其中弓形微波反射测量系统的搭建主要依据 GJB 2038A—2011《雷达吸波材料反射率测试方法》中规定的方法，及"RAM 反射率弓形测试法"，主要设备包括弓形框架、矢量网络分析仪、标准增益喇叭天线和角锥形吸波材料，其实物图如图 8.10(a) 所示，实验设备的布置示意图如图 8.10(b) 所示。

(a) 衰减率测量系统实物图

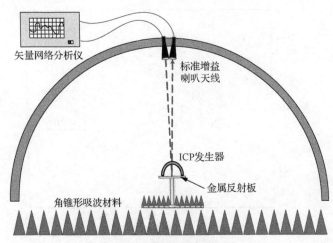

(b) 衰减率测量原理示意图

图 8.10　衰减率测量系统

在实验过程中，放电腔体固定于由透波的绝缘材料制成的支架上，在腔体下方放置一块铝板作为电磁波的反射板，在测试过程中为减小仪器设备和周围物体产生的背景反射对结果造成影响，在可能引起强反射的部位均贴附了吸波材料，标准增益喇叭天线端面与 ICP 腔体顶部距离 1.85m，满足远场基本条件，即天线发射距离必须大于电磁波波长的 10 倍。

实验分两步进行，第一步是布置好实验设备，不打开射频电源，在 ICP 发生器内不产生等离子体，此时信号由矢量网络分析仪发出并经发射天线发射到空间中，再经过金属反射板反射后回到接收天线中，由矢量网络分析仪记录发射波和回波信号变化作为对照组。第二步是首先调节放电气压，然后打开射频电源，在 ICP 发生器中产生等离子体，接着由矢量网络分析仪发射出一定频率的电磁波信号，经过同轴电缆传输至发射天线，由发射天线发出并入射进入石英夹层 ICP 发生器中，穿过等离子体层后被底部的金属反射板反射再次通过等离子体层并回到接收天线，由矢量网络分析仪对入射波和回波信号的变化情况进行记录。通过分析在有无等离子体微波信号变化情况的差异即可得出在不同放电条件下等离子体对电磁波的衰减特性。

8.2.2　测量结果与分析

为提高精度，尽可能减小误差，采用双程衰减代替传统测量中的反射率，在实验中测量通过对比无等离子体和产生等离子体后 S_{12} 参数直接获得电磁波通过等离子体的双程衰减率以对消在实验过程中的背景反射。

图 8.11 是气压为 1Pa、不同放电功率时石英夹层 ICP 对电磁波的衰减率，可以看出随着功率的提高，衰减率峰值带向高频方向移动，在 300W 下衰减值高于

5dB 的衰减率峰值带为 3.5~4.2GHz，在 500W 下为 5.4~6.1GHz，在 700W 下为 6.3~7GHz，其平均衰减带宽为 0.7GHz，衰减率峰值低于 15dB，这主要是由于此时气压较低，电子-中性粒子碰撞频率较低，等离子体对电磁波碰撞吸收作用有限，此时主要以共振衰减为主，吸收频带主要集中在等离子体频率附近较窄的频段内。

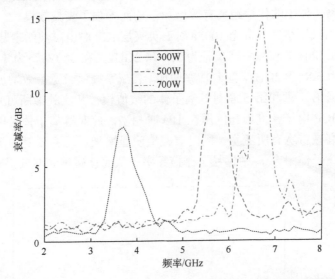

图 8.11　气压为 1Pa、功率不同时石英夹层 ICP 对电磁波的衰减率

当气压升高到 10Pa 时，不同放电功率下石英夹层 ICP 对电磁波的衰减率测量结果如图 8.12 所示，相比于气压为 1Pa 时，衰减率峰值与衰减带宽均明显增加，在 300W、500W、700W 下衰减值高于 5dB 的衰减率峰值带分别为：4.2~5.1GHz、

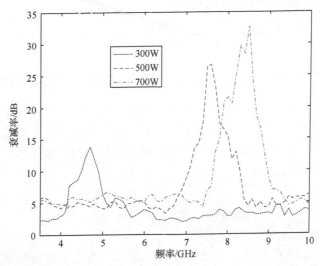

图 8.12　气压为 10Pa、功率不同时石英夹层 ICP 对电磁波的衰减率

6.9～8.3GHz、7.5～9.2GHz，相应的衰减率峰值分别为 14.3dB、27.4dB、33.2dB，即随着功率增加，衰减率峰值带宽得到有效扩大的同时衰减率峰值增加，这主要是由于随着功率增加，电子密度的增加一方面提高了等离子体特征频率，进而使响应频率得到提高；另一方面由于响应频率增加，在该频率下电磁波的波长缩短，电磁波在等离子体中的传输距离有效增加，从而增强了衰减效果。

图 8.13 为气压继续升高至 100Pa 时石英夹层 ICP 对电磁波的衰减率，在 300W下衰减值高于 5dB 的衰减率峰值带为 3.1～4.2GHz，在 500W 下为 4.1～5.8GHz，在 700W 下为 6.8～8.2GHz，随着功率增加，衰减率峰值带宽有效增加且衰减率有效提高。根据第 4 章和第 5 章对等离子体的数值模拟和实验诊断可知，在 100Pa下石英夹层 ICP 电子密度值与气压在 1Pa 时相当，此时等离子体对电磁波的响应频率相当而衰减带宽有所变宽，同时衰减值明显增加，这主要是由于气压增加大大提高了等离子体中电子-中性粒子碰撞频率，从而使碰撞衰减效果有效增强。

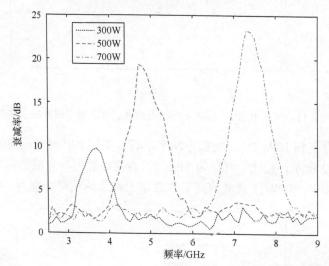

图 8.13　气压为 100Pa、功率不同时石英夹层 ICP 对电磁波的衰减率

由测量结果可以看出相比于数值计算结果，实验测量得到的衰减率偏小且衰减率峰值带宽明显更窄，这一方面是由于数值结果中采用的电子密度值略高于实际值；另一方面是由于实验中测量的是相对衰减率，而数值模拟中计算得到的反射率实质上是绝对衰减率。

8.3　本章小结

本章首先介绍了 FDTD 方法的原理，建立了等离子体与电磁波相互作用的 ZT-FDTD 模型，计算了不同放电气压和放电功率条件下石英夹层 ICP 对电磁波的反射率，然后利用弓形微波反射测量系统，开展实验测试 ICP 对电磁波的衰减率，并与计算值进行对比分析。

由分析结果可以看出，在数值模拟中电磁波的反射波由两部分构成：一部分为位于等离子电子密度峰值区处的波源向外发出的微弱等离子体反射波；另一部分为电磁波在金属板上的反射波。当气压为 1Pa 时，等离子体对电磁波的衰减以共振吸收为主，吸收频段集中在等离子体频率附近，随着功率的增加，吸收频段逐渐向高频方向移动且衰减效果增强，随着气压升高，等离子体对电磁波的碰撞吸收效果增强，此时衰减效果增加且衰减带宽变宽，同时等离子空间分布不均匀性增加使得等离子体对电磁波的反射波变得繁杂，反射率曲线波动性随着气压升高逐渐增强。

第 9 章　结论与展望

等离子体隐身技术是一项立足于战备需求的应用基础研究，涉及等离子体物理、隐身与反隐身工程、计算电磁学、空气动力学、材料学、机械工程、电气工程、气相化学及原子和分子物理学等理论方法，属于多学科交叉问题，研究难度较大。

本书从飞行器局部强散射部件隐身角度研究闭式等离子体发生器及其等离子体参数诊断方法，将放电实验和理论分析相融合，利用发射光谱法对各种情形下的闭式腔体内部的等离子体参数分布进行研究，应用碰撞-辐射模型对等离子体的电子密度进行了分析，并应用径向基函数网络和遗传算法对碰撞-辐射模型参数诊断方法进行了简化，最后在分析等离子体参数对电磁波作用规律的基础上探索了等离子体参数的智能算法优化方法。研究成果可为闭式等离子体隐身发生装置研制提供参考，为等离子体隐身技术应用中的参数选择提供理论支撑。

9.1　主要研究工作和结论

本书的主要研究工作总结如下：

(1)设计研制了基于低气压多层介质阻挡放电和辉光放电的闭式等离子体发生器，并开展了放电实验，测量了其发射光谱数据以获取腔体内的等离子体参数分布规律，同时对多层介质阻挡放电过程进行了仿真模拟。

①长间隙的多层介质阻挡放电产生的等离子体受到腔体内放电环境的极大影响，等离子体参数分布与放电腔体内的气流/气压直接相关，并且由于介质的存在，腔体内的放电强度受到了较大限制，等离子体密度不高。

②多层介质阻挡放电的方式不再适宜于较大尺寸的放电腔体。对于将电极置于腔体内部的辉光放电，采用脉宽更短的纳秒脉冲激励在等离子体分布的均匀性上明显优于毫秒脉冲激励，同时等离子体参数在使用纳秒脉冲电源时也更容易调节。

③随着放电腔体尺寸的增大，由真空设备产生的气压梯度对于放电的影响有所降低，有利于等离子体分布的均匀性。

(2)在闭式腔体内采用射频电感耦合方式开展了放电实验，通过分析发射光谱数据比较了不同尺寸闭式腔体的等离子体参数分布，对整个电感耦合放电过程进行了仿真计算以分析其参数变化规律。

①采用平板式螺旋射频天线在闭式放电腔内产生等离子体的方式，能够有效对放电电极进行覆盖，且激励电压较低，克服了高压高频放电方式存在的相关问题。

②射频电感耦合放电整体功耗较小，产生的等离子体电子密度及其在闭式腔体内的分布状态能够满足等离子体隐身的要求。

③射频电感耦合放电产生等离子体相对于高压高频激励方式，受放电环境因素影响较小，在射频激励源输出功率较高时，等离子体在腔体内分布比较均匀。

(3) 将碰撞-辐射模型应用于中低气压下的等离子体参数诊断，建立径向基函数网络模拟整个模型的计算，从而达到简化参数诊断的目的，提出了将遗传算法用于参数诊断的方法。

①通过细化放电粒子的反应过程和相应的反应速率系数，使碰撞-辐射模型能够用于本书实验条件下的等离子体参数诊断，对于诊断误差的分析可以看出，碰撞-辐射模型对于电子密度分析精度高于电子温度，而电子密度是等离子体隐身最重要的参数。

②采用径向基函数网络模拟碰撞-辐射模型诊断过程能够有效提高诊断效率，但是逻辑结构简单的网络学习方案，可能导致网络精度不高，需要多次采样学习。

③在利用径向基函数网络进行参数诊断的同时，可采用遗传算法替代参数调整计算的过程，进一步提高诊断效率。

(4) 建立非均匀等离子体对电磁波作用的分层计算模型，分析了线性分布、指数分布和 Epstein 分布三种典型分布以及一种实验诊断测定分布情形下等离子体对电磁波作用的规律，探索运用了遗传算法优化等离子体参数以达到最优反射性能，对算法的相关性能进行了分析评估。

①对于开放空间情形下的典型等离子体分布，核心层等离子体电子密度增加，反射率的缩减更多，对电磁波的有效吸收频带宽度增加。反射率缩减峰值位置与电子密度及等离子体的分布形式有一定的关系，随着电子密度的增加，峰值点逐渐向高频端移动。

②闭式放电腔内产生的等离子体与开放空间的典型分布相比，取得相同的缩减极值需要的极值密度更低，此时吸收频带宽度也相对更窄。在总体上相对较低的密度情形下，截止频率更小，电磁波缩减的极值更靠近低频端，闭式腔体对电磁波的作用规律更接近均匀分布的平板式等离子体对电磁波的作用规律。

③采用智能算法对等离子体参数进行优化，可以在低先验知识的条件下通过对模型进行非线性优化建模，获取针对隐身效果的有效等离子体参数，但是由于等离子体模型的复杂性，为取得最优参数，必须充分考虑算法本身的全局寻优性能。此外，等离子体的隐身效果对其参数敏感，参数优化方法实际使用中应当对参数控制产生误差时的优化效果进行考察。

（5）针对遗传算法在参数寻优中出现的性能问题，引入免疫机制和动态更新机制对算法进行改进。为解决等离子体对电磁波影响的参数敏感问题和参数控制时可能出现的设定误差问题，探索将区间数计算与遗传算法相结合。最后对PLRC-FDTD 的分布式计算问题进行了研究。

①通过对激励度评估、免疫选择与亲和突变等免疫操作的模拟，将人工免疫机制引入标准遗传算法，可有效提高算法的全局寻优性能。

②动态更新机制能够通过调节计算参数的方法使寻优过程在收敛精度和收敛速度之间取得一定程度的平衡。

③将区间数计算方法用于遗传算法的目标函数计算，通过对误差范围内的等离子体吸波效果进行评估，可以有效解决非精确参数控制问题。

④星形管理结构结合数据总线的分布式计算组织结构能够有效地发挥各计算节点性能，提高计算效率。同时，分布式的组织结构灵活且逻辑控制简单，适合于复杂的解算问题。通过合理的网格分割，能够有效降低网络传输负载，并且通过评估单节点的计算时间并动态调节解算范围，对计算网络的负载进行平衡，克服计算短板，较好地发挥整个网络的计算能力。

9.2　主要创新性工作

本书的研究工作在飞行器局部等离子体隐身研究领域具有以下四方面的创新。

（1）设计研制了独立于真空舱环境的闭式等离子体发生装置并设计了放电实验系统。相关装置及系统可同时支持高压高频电源激励的等离子体放电和射频电感耦合放电。通过分析等离子体发射光谱数据，对闭式腔体内的等离子体分布规律进行了总结，同时通过理论仿真对放电过程进行了模拟，开发了电子温度光谱诊断软件。

（2）提出了基于碰撞-辐射模型的等离子体参数智能诊断方法。在采用碰撞-辐射模型对等离子体参数进行诊断的基础上，提出了利用径向基函数网络模拟碰撞-辐射模型诊断过程的方法，研究了具体的智能诊断方案并分析了网络诊断的误差。为进一步提高诊断效率，研究将遗传算法应用于诊断过程。

（3）提出了针对隐身效果的等离子体参数优化方法。通过比较闭式等离子体相对于开放空间下的等离子体对电磁波作用的不同，在考虑能耗约束的前提下，将针对隐身效果的等离子体参数优化问题提炼为非线性约束优化问题，将扩展拉格朗日遗传算法应用于等离子体的参数优化。

（4）对等离子体隐身参数优化方法进行了改进。针对等离子体参数优化中出现的局部最优值问题，将人工免疫机制和动态更新机制引入标准遗传算法的寻优过程，提高算法的寻优精度和收敛速度；通过将区间数方法引入目标函数定义，解决了非精确参数控制情形下的优化问题。同时为了提高 FDTD 方法的仿真效率，研究了计算组织结构可变的分布式 PLRC-FDTD 实现方法，并开发了相关的仿真软件。

9.3　研究工作展望

等离子体隐身技术作为一个新兴的多学科交叉领域，其物理机制及工程实现方法尚处于不断研究发展之中。由于研究手段和作者水平的限制，相关研究有待进一步完善与深化。关于后续研究，可从以下几方面展开。

1. 闭式等离子体发生器的设计创新

闭式等离子体发生器是闭式等离子体隐身技术应用的核心部分，本书主要在实验室环境下对闭式腔体内的气体放电进行了研究。在下一步研究工作中，一方面需要解决放电腔的材料问题，本书为了在实验中采集等离子体的发射光谱数据，放电腔壁采用了透明的玻璃和有机玻璃，美国开展的等离子体与雷达波作用的相关验证实验则采用了陶瓷材料，这些材料并不适宜于等离子体隐身技术的机载使用，需要进一步探索在强度、透波性和气密性方面均符合条件的壁面材料；另一方面要解决发生器表面与飞行器外部共形以及气路/电路与飞行器内部设备的融合问题，同时也包括发生器进行雷达波作用实验时与实验测试系统的融合问题，这对于提高隐身性能、推动闭式等离子体隐身的实用化发展具有重要意义。

2. 等离子体激励电源及放电方式研究

本书研究揭示了激励电源和放电方式对于等离子体参数分布有极大的影响。为了提高等离子体产生时的能量使用效率，并能有效地调控闭式腔体内部等离子体参数，在后续研究中需要对激励电源和放电方式做出改进或创新。此外，针对飞行器有限的机上空间和电源功率，如何减小放电电源的体积、重量及功耗也是等离子体隐身技术应用中必须深入研究的问题。

3. 等离子体隐身发生装置与飞行器机载设备的电磁兼容问题

本书设计使用的等离子体发生器方案在进行气体放电时需要使用较高的放电电压或对空间辐射较强的射频能量。而飞行器各位置密布各种机载电气设备，若不考虑等离子体发生器与这些设备的电磁兼容问题，合理地屏蔽放电能量将有可能影响甚至损坏这些设备，从而对飞行器的作战性能和飞行安全产生严重的影响。因此，在进一步对等离子体隐身技术的使用研究中，需要对其发生装置的电磁兼容问题进行深入的分析和测试。

4. 动态变化等离子体参数分布情况下的优化问题

本书研究揭示了等离子体参数分布的变化，将对电磁波的作用效果产生很大的影响，针对不同的威胁类型可能需要不同的参数组合，而对于等离子体发生器来说，包括改变输入功率、核心层电子密度等在内的任何一项参数，都有可能对等离子体参数的分布产生影响。在本书的参数优化计算中，主要的约束条件是输入功率限制，在这种条件下执行优化计算后进行的参数调节又将进一步改变等离子体参数分布，从而影响其对电磁波的吸收性能，产生一个动态变化的目标函数，从而引起寻优计算中复杂的连锁反应过程。如何将等离子体参数的优化计算与等离子体发生器产生等离子体的动态过程结合起来，也是需要在未来工作中深入研究的问题。

参 考 文 献

白敏冬, 张芝涛, 白希尧, 等. 2004. 一种强电离放电非平衡等离子源及制备等离子的方法:中国. 2004105513[P].

白希尧, 白敏冬, 胡又平, 等. 2003. 飞行器的等离子体隐身工程研究[J]. 自然杂志, 25(2): 71-76.

白希尧, 张芝涛,杨波, 等. 2004. 用于飞行器的强电离放电非平衡等离子体隐身方法研究[J]. 航空学报, 25(1): 51-54.

曹金祥, 徐宏亮, 俞昌旋, 等. 1999. 微波共振探针在测量等离子体密度中的应用[J]. 电子学报, 23(6): 88-90.

常雨, 陈伟芳, 罗宁, 等. 2008. 基于物理光学法的再入等离子体包覆体空间散射特性分析[J]. 微波学报, 24(2): 1-6.

常正实, 邵先军, 张冠军. 2012. 基于 OH 基团二级光谱的氩气大气压等离子体射流温度诊断[J]. 高电压技术, 38(7): 1736-1741.

陈宏晴. 2014. 飞行器进气道等离子体隐身参数设计[D]. 南京: 南京理工大学.

陈孟尧. 1989. 电磁场与电磁波[M]. 北京: 高等教育出版社.

陈文光. 2004. MPI 与 OpenMP 并行程序设计 C 语言版[M]. 北京: 清华大学出版社.

陈志鹏. 2010. 碰撞条件下多凹腔型感应耦合等离子体组合性质和反常趋肤效应的实验研究[D]. 合肥: 中国科学技术大学.

陈卓, 何威, 蒲以康. 2005. 电子回旋共振氩等离子体中亚稳态粒子数密度及电子温度的测量[J]. 物理学报, 54(5): 2153-2158.

程芝峰. 2010. 等离子体微波反射面的设计与研究[D]. 北京: 中国科学院大学.

邓新发, 何立明, 原和朋. 2003. 利用等离子体进行飞机隐身的原理及关键技术[J]. 机械科学与技术, 22(11): 67-69.

董长军, 胡凌云, 管有勋. 2004. 聚焦隐身战机[M]. 北京: 蓝天出版社.

付强新. 2013. 低气压辉光放电等离子体模拟与特性研究[D]. 西安: 西安电子科技大学.

高虹霓, 曹泽阳. 2002. 21 世纪隐身新途径——等离子体隐身术[J]. 飞航导弹, (1): 54-55.

葛德彪, 闫玉波. 2011. 电磁波时域有限差分方法[M]. 3 版. 西安: 西安电子科技大学出版社.

巩英明. 2008. 吸波涂料用于腔体的 RCS 减缩的计算方法研究[J]. 磁性材料与器件, 39(3): 29-30.

郭斌. 2002. 斜入射电磁波在大气等离子体层中的衰减[J]. 山西师范大学学报(自然科学版), 22(4):43-47.

何湘. 2010. 飞机局部等离子体隐身探索研究[D]. 南京: 南京理工大学.

姬金祖, 武哲, 刘战合. 2009. S 弯进气道隐身设计中弯度参数研究[J]. 西安电子科技大学学报(自然科学版), 36(4): 746-750.

李弘, 苏铁, 欧阳亮, 等. 2006. 电子束产生大尺度等离子体过程的数值模拟研究[J]. 物理学报, 55(7): 3506-3513.

李江挺, 郭立新, 金莎莎, 等. 2011. 等离子体鞘套中的电波传播特性研究[J]. 电波科学学报, 26(3): 494-500.

李金梁, 李永祯, 王雪松. 2005. 米波极化雷达的反隐身技术研究[J]. 雷达科学与技术, 3(6):321-326.

李晶, 谢卫平, 黄显宾,等. 2010. "碰撞-辐射"模型在 Z 箍缩等离子体 K 壳层线辐射谱分析中的应用[J]. 物理学报, 59(11): 7922-7930.

李天, 武哲. 2001. 飞机外形参数的气动与隐身综合优化设计[J]. 北京航空航天大学学报, 27(1): 76-78.

李为吉. 2004. 飞机总体设计[M]. 西安: 西北工业大学出版社.

李雪辰, 常媛媛, 许龙飞. 2012. 大气压放电等离子体柱的光谱研究[J]. 光谱学与光谱分析, 32(7): 1758-1761.

李毅, 张伟军, 莫锦军, 等. 2008. 闭式等离子体隐身技术及等离子体参数的优化[J]. 微波学报, 24(1): 23-25.

李应红, 吴云. 2012. 等离子体流动控制技术研究进展[J]. 空军工程大学学报(自然科学版), 13(3): 1-5.

李英量, 丁玄同, 刘泽田, 等. 2006. HL-2A 托克马克中微波诊断系统[J]. 微波学报, 22(1): 52-57.

李智. 2008. 微波反射率弓形法测试技术研究[D]. 成都: 电子科技大学.

梁志伟, 赵国伟, 徐杰, 等. 2008. 柱形等离子体天线辐射特性的矩量法分析[J]. 电波科学学报, 23(4): 749-754.

凌永顺. 2000. 等离子体隐身及其用于飞机的可能性[J]. 空军工程大学学报(自然科学版), 1(2): 1-3.

刘少斌, 莫锦军, 袁乃昌. 2002. 快速产生的时变等离子体对目标隐身的研究[J]. 电波科学学报, 17(5): 524-533.

刘少斌, 莫锦军, 袁乃昌. 2003. 电磁波在不均匀磁化等离子体中的吸收[J]. 电子学报, 31(1): 372-375.

刘少斌, 莫锦军, 袁乃昌. 2004. 等离子体的分段线性电流密度递推卷积 FDTD 算法[J]. 物理学报, 53(3): 778-782.

刘崧, 刘少斌. 2009. 等离子体覆盖目标散射特性的 RKETD-FDTD 分析[J]. 南京航空航天大学学报, 41(4): 532-535.

刘玉峰, 丁艳军, 彭志敏, 等. 2014. 激光诱导击穿空气等离子体时间分辨特性的光谱研究[J]. 物理学报, 63(20): 205205-1-205205-7.

刘振侠, 郭东明, 张丽芬, 等. 2006. S 形进气道流场数值模拟[J]. 航空动力学报, 21(6): 1064-1069.

吕杰. 2010. 基于通用电磁计算软件的雷达成像系统[D]. 长沙: 国防科技大学.

罗琦. 2010. 等离子体鞘套隐身特性研究[D]. 长沙: 国防科技大学.

麻来宣, 张厚, 张晨新. 2009. 电磁波斜入射到等离子体中反射特性分析[J]. 无线电工程, 39(3): 44-46,61.

毛明. 2007. 射频感应耦合等离子体源的动力学模拟及实验诊断[D]. 大连: 大连理工大学.

蒙志君, 王立峰, 武哲. 2009. 雷达舱隐身措施[J]. 飞航导弹, (9): 30-34.

孟刚, 莫锦军, 任爱民. 2008. 薄层等离子体隐身天线罩散射分析[J]. 导弹与航天运载技术, (3): 33-36.

莫少奇. 2016. 基于微波透射系统的等离子体特性研究[D]. 成都: 电子科技大学.

牛田野, 曹金祥, 刘磊, 等. 2007. 低温氩等离子体中的单探针与发射光谱诊断技术[J]. 物理学报, 56(4): 2330-2337.

平殿发, 刘锋, 邓兵. 2002. 雷达隐身技术分析[J]. 海军航空工程学院学报, 17(5): 367-370.

钱志华. 2006. 等离子体天线的辐射与散射特性分析[D]. 南京: 南京理工大学.

任昊. 2014. 基于 COMSOL 的 MPT 离子化源等离子体建模仿真[D]. 杭州: 浙江大学.

阮颖铮. 2001. 雷达截面与隐身技术[M]. 北京: 国防工业出版社.

桑建华. 2008. 超音速战斗机雷达隐身及气动综合研究[D]. 北京: 北京航空航天大学.

桑建华. 2013. 飞行器隐身技术[M]. 北京: 航空工业出版社.

苏晨. 2009. 基于人工免疫系统的飞行数据智能处理方法研究[D]. 西安: 空军工程大学.

苏晨. 2013. 飞行器局部闭式等离子体隐身关键技术探索研究[D]. 西安: 空军工程大学.

孙健, 白希尧, 依成武, 等. 2006. 等离子体隐身研究的关键性问题与研究技术路线的选择[J]. 中国基础科学, 8(3): 47-50.

汪建. 2014. 射频电感耦合等离子体及模式转变的实验研究[D]. 合肥: 中国科学技术大学.

王柏懿, 徐燕侯, 嵇震宇. 1985. 电磁波在非均匀有损耗再入等离子鞘层中的传播[J]. 宇航学报, 6(1): 35-46.

王长全, 张贵新, 王新新, 等. 2011. 发射光谱法研究无极灯等离子体参数分布[J]. 光谱学与光谱分析, 31(9): 2533-2535.

王舸, 陈银华, 陆玮. 2001. 电磁波在非均匀等离子体中的吸收[J]. 核聚变与等离子体物理, 21(3): 160-164.

王耕过, 朱家珍. 1985. 电磁波在不均匀等离子体鞘层中的反射与透视[J]. 宇航学报, 6(4): 81-86.

王慧慧. 2009. 碰撞等离子体中电磁波传播及微波探针研究[D]. 合肥: 中国科学技术大学.

王亮. 2009. 薄层等离子体与表面等离子体激元的实验研究[D]. 合肥: 中国科学技术大学.

王亮, 曹金祥, 王艳, 等. 2007. 电磁脉冲在实验室等离子体中传播时间的实验研究[J]. 物理学报, 56(3): 1429-1433.

王龙, 钟易成, 张堃元. 2012. 金属/介质涂覆的S形扩压器电磁散射特性[J]. 物理学报, 61(23): 23401-23410.

王平, 杨银堂, 徐新艳, 等. 2002. 应用于超大规模集成电路工艺的高密度等离子体源研究进展[J]. 真空科学与技术, 22(4): 274-281.

王世庆, 向黄, 柳建, 等. 2009. 表面波等离子体柱导电性及其激发系统方案[J]. 应用科学学报, 27(4): 392-396.

王卫民, 李应红, 吴云, 等. 2013. 基于PLRC-FDTD算法和MPI+openMP并行计算模型的等离子体目标电磁散射特性研究[C]. 中国力学大会, 西安.

王艳, 曹金祥, 宋法伦, 等. 2007. 金属真空罐环境下微波测量的校准与实验[J]. 微波学报, 23(1): 29-33.

吴蓉, 李燕, 朱顺官, 等. 2008. 等离子体电子温度的发射光谱法诊断[J]. 光谱学与光谱分析, 14(28): 731-735.

奚衍斌. 2013. 高频电磁波在几类等离子层中传播特性研究[D]. 大连: 大连理工大学.

谢楷, 李小平, 杨敏, 等. 2013. L、S频段电磁波在等离子体中衰减实验研究[J]. 宇航学报, 34(8): 1166-1171.

解宏端, 孙冰, 朱小梅, 等. 2009. 大气压氩气微波等离子体参数的光谱诊断[J]. 河北大学学报(自然科学版), 29(3): 256-261.

辛煜, 宁兆元, 狄小莲, 等. 2005. 电容耦合的抑制对感应耦合放电等离子体的影响[J]. 真空科学与技术学报, 25(6): 439-443.

徐会静. 2016. 射频感性耦合等离子体放电模式转换及回滞的模拟研究[D]. 大连: 大连理工大学.

徐克尊. 2006. 高等原子分子物理学[M]. 2版. 北京: 科学出版社.

徐泽水. 2004. 不确定多属性决策方法及应用[M]. 北京: 清华大学出版社.

严建华, 潘新潮, 马增益, 等. 2008. 直流氩等离子体射流电子温度的测量[J]. 光谱学与光谱分析, 28(1): 6-9.

阎照文, 苏东林, 袁晓梅. 2009. FEKO5.4电磁场分析技术与实例详解[M]. 北京: 中国水利水电出版社.

晏明, 许金, 余锡文. 2008. 非磁化等离子体覆盖导体柱的ZTFDTD分析[J]. 微波学报, 24: 49-52.

杨涓, 何庆洪, 毛根旺, 等. 2002. 应用于飞行器的等离子体隐身技术分析[J]. 现代防御技术, 30(3): 40-45.

杨涓, 许映乔, 朱良明. 2008. 局域环境中微波等离子体电子密度诊断实验研究[J]. 物理学报, 57(3): 1788-1792.

杨丽珍, 张跃飞, 边心超, 等. 2010. 不等电位空心阴极Ar等离子体放电发射光谱的诊断[J]. 真空科学与技术学报, 30(3): 221-225.

杨利霞, 沈丹华, 施卫东. 2013. 三维时变等离子体目标的电磁散射特性研究[J]. 物理学报, 62(10): 104101-104107.

杨敏, 李小平, 刘彦明, 等. 2014. 信号在时变等离子体中的传播特性[J]. 物理学报, 63(8): 085201-085211.

叶超, 宁兆元, 江美福, 等. 2010. 低气压低温等离子体诊断原理与技术[M]. 北京: 科学出版社.

易臻. 2006. 微波干涉测量电子密度在SUNIST装置上的应用[J]. 制造业自动化, 28(10): 52-57.

余雄庆, 杨景佐. 1992. 飞行器隐身设计基础[R]. 南京: 南京航空学院.

袁忠才, 时家明, 黄勇, 等. 2008. 低温等离子体数值模拟方法的分析比较[J]. 核聚变和等离子体物理, 28(3): 278-285.

曾昊, 史军勇, 何立明, 等. 2006. 等离子体隐身对飞行器表面的影响研究[J]. 弹箭与制导学报, 26(3): 299-302.

曾学军, 马平, 于哲峰, 等. 2008. 大气环境中喷流等离子体隐身试验研究与分析[J]. 实验流体力学, 22(1): 49-54.

张鉴. 2006. MEMS加工中电感耦合等离子体ICP刻蚀硅片的模型与模拟[D]. 南京: 东南大学.

张考, 马东立. 2002. 军用飞机生存力与隐身设计[M]. 北京: 国防工业出版社.

张姝. 2007. 电磁波在非均匀大气等离子体中的传播低气压电容耦合等离子体的实验研究[D]. 武汉: 华中科技大学.

张文茹. 2013. 氩气放电的流体力学模拟及其COMSOL软件的验证[D]. 大连: 大连理工大学.

张亚春, 何湘, 沈中华, 等. 2015. 进气道内衬筒形等离子体隐身性能三维模拟[J]. 强激光与粒子束, 27(5): 052005-052011.

张志豪, 邓永锋, 韩先维, 等. 2013. 电子束等离子体电子束密度分布模型研究[J]. 高电压技术, 39(7): 1745-1749.

赵国利. 2010. 双频容性耦合等离子体的光谱诊断研究[D]. 大连: 大连理工大学.

赵汉章, 吴是静, 董乃涵. 1985. 不均匀等离子体鞘套中电磁波的传播Ⅱ[J]. 地球物理学报, 28(2): 117-126.

郑灵, 赵青, 罗先刚, 等. 2012. 等离子体中电磁波传输特性理论与实验研究[J]. 物理学报, 61(15): 155203.

周军. 2014. 电子束等离子体的电流测量与参数诊断[D]. 合肥: 中国科学技术大学.

朱冰. 2006. 导弹雷达舱等离子体隐身原理研究[D]. 西安: 西北工业大学.

朱冰, 杨涓, 黄雪刚, 等. 2005. 真空环境中等离子体喷流对反射电磁波衰减的实验研究[J]. 物理学报, 55(5): 2352-2357.

朱良明. 2007. 用于雷达舱隐身的等离子体诊断及磁增强微波等离子体发生器设计研究[D]. 西安: 西北工业大学.

朱良明, 毛根旺, 许映乔, 等. 2007. 有约束边界的微波等离子体喷流电子数密度分布规律实验研究[J]. 西北工业大学学报, 25(5): 686-690.

庄钊文, 袁乃昌, 刘少斌, 等. 2005. 等离子体隐身技术[M]. 北京: 科学出版社.

Akhtar K, Scharer J E, Tysk S M, et al. 2003. Plasma interferometry at high pressure[J]. Review of Scientific Instruments, 174(2): 997-1001.

Alexeff I, Anderson T, Parameswaran S, et al. 2006. Experimental and theoretical results with plasma antennas[J]. IEEE Transactions on Plasma Science, 34(2): 166-172.

Allison J, Mako K, Apostolakis J, et al. 2006. Geant 4 developments and applications[J]. IEEE Transactions on Nuclear Science, 53(1): 270-278.

Alluri D K. 1988. On reflection from a suddenly created plasma half-space transient solution[J]. IEEE Transactions on Plasma Science, 16(1): 11-16.

Amorim J, Maciel H S, Sudano J P. 1991. High-density plasma mode of an inductively coupled radio frequency discharge[J]. Journal of Vacuum Science &Technology B, 9(2): 362-365.

Augustyniak E, Chew K H, Shohet J L, et al. 1999. Atomic absorption spectroscopic measurements of silicon atom concentrations in electron cyclotron resonance silicon oxide deposition plasmas[J]. Journal of Applied Physics, 85(1): 87-93.

Bawa'aneh M S, Al-Khateeb A M, Sawalha A S. 2012. Microwave propagation in a magnetized inhomogeneous plasma slab using the Appleton-Hartree magnetoionic theory[J]. Canadian Journal of Physics, 90(3): 241-247.

Bera K, Yi J W, Farouk B, et al. 1999. Two-dimensional radio-frequency methane plasma simulation: Comparison with experiments[J]. IEEE Transactions on Plasma Science, 27(5): 1476-1486.

Berenger J. 1994. A perfectly matched layer for the absorption of electromagnetic waves[J]. Journal of Computational Physics, 114(2): 185-200.

Bird R B, Stewart W E, Lightfoot E N. 2006. Transport Phenomena[M]. New York: Wiley.

Boffard J B, Lin C C, Wendt A E. 2004. A Application of excitation cross-section measurements to optical plasma diagnostics[J]. Advances in Atomic, Molecular, and Optical Physics, 37(4): 1-76.

Boffard J B, Jung R O, Lin C C, et al. 2011. Optical diagnostics for characterization of electron energy distributions: Argon inductively coupled plasmas[J]. Plasma Sources Science and Technology, 20(5): 055006.

Booth J P, Corr C S, Curley G A, et al. 2006. Fluorine negative ion density measurement in a dual frequency capacitive plasma etch reactor by cavity ring-down spectroscopy[J]. Applied Physics Letters, 88(15): 151502.

Brezmes A O, Breitkopf C. 2015. Fast and reliable simulations of argon inductively coupled plasma using COMSOL[J]. Vacuum, 116: 65-72.

Brian L S, Nicholas S S, Biswa N G. 2007. Design and measurement considerations of hairpin resonator probes for determining electron number density in collisional plasmas[J]. Plasma Sources Sci. Technol., 16: 716-725.

Burkholder R J, Lundin T. 2005. Forward-backward iterative physical optics algorithm for computing the RCS of open-ended cavities[J]. IEEE Transactions on Antennas and Propagation, 53 (2): 793-799.

Cappelli M, Hermann W, Kodiak M. 2005. A 90GHz phase-bridge interferometer for plasma density measurements in the near field of a hall thruster[C]. The 40th AIAA/ASME/SAE/ASEE Joint Propulsion Conference, Fort Lauderdale.

Chaudhury B, Chaturvedi S. 2009. Study and optimization of plasma-based radar cross section reduction using three-dimensional computations[J]. IEEE Transactions on Plasma Science, 37 (11): 2116-2127.

Chen J L, Xu H J, Wei X L, et al. 2017. Simulation and experimental research on the parameter distribution of low-pressure Ar/O$_2$ inductivly coupled plasma[J]. Vacumm, 145: 77-85.

Chin O H, Jayapalan K K, Wong C S. 2014. Effect of neutral gas heating in argon radio frequency inductively coupled plasma[J]. International Journal of Modern Physics: Conference Series, 32: 1460320.

Chung C W, Chang H Y. 2002. Heating-mode transition in the capacitive mode of inductively coupled plasma[J]. Applied Physics Letters, 80 (10): 1725-1727.

Crintea D L, Czarnetzki U, Iordanova S, et al. 2009. Plasma diagnostics by optical emission spectroscopy on argon and comparison with Thomson scattering[J]. Journal of Physics D: Applied Physics, 42: 045208.

Cunge G, Crowley B, Vender D, et al. 2001. Anomalous skin effect and collisionless power dissipation in inductively coupled discharges[J]. Journal of Applied Physics, 89 (7): 3580-3589.

Daltrini A M, Moshkalev S A, Monteiro M J R, et al. 2007. Mode transitions and hysteresis in inductively coupled plasma[J]. Journal of Applied Physics, 101 (7): 073309-1-6.

Danilov A, Hchenko S, Kunavin A, et al. 1997. Electromagnetic waves scattering by periodic plasma structure[J]. Physica A: Statistical and Theoretical Physics, 241 (1): 226-230.

Deng Y F, Han X W, Tan C. 2009. Monte Carlo simulation of electron beam air plasma characteristics[J]. Chinese Physics B, 18 (9): 3870-3876.

Destler W W, DeGrange J E, Fleischmann H H, et al. 1991. Experimental studies of high-power microwave reflection, transmission, and absorption from a plasma-covered plane conducting boundary[J]. Journal of Applied Physics, 69 (9): 6313-6318.

Do H, Kim W, Mungal M G, et al.2007. Bluff body flow separation control using surface dielectric barrier discharges[C]. The 45th AIAA Aerospace Sciences Meeting and Exhibit, Reno.

Donnelly V M. 2004. Plasma electron temperatures and electron energy distributions measured by trace rare gases optical emission spectroscopy[J]. Journal of Physics D: Applied Physics, 37 (4): R217.

Engheta N, Murphy W D, Rokhlin V, et al. 1992. The fast multipole method for electromagnetic scattering problems[J]. IEEE Transactions on Antennas and Propagation, 40 (6): 634-641.

Fantz U. 2006. Basics of plasma spectroscopy[J]. Plasma Sources Sciences and Technology, 15: S137-S147.

Fernsler R F, Manheimer W M, Meger R A. 1998. Production of large-area plasmas by electron beams[J]. Physics of Plasmas, 15 (5): 2137-2143.

Fridman A. 2008. Plasma Chemistry[M]. New York: Cambridge University Press.

Gal G, Gibson W E. 1968. Interaction of electromagnetic waves with cylindrical plasma[J]. IEEE Transactions on Antennas and Propagation, 16 (4): 468-475.

Ganguli A, Appala N P. 1990. Analysis of the dominant modes of a slotted-helix-loaded cylindrical waveguide for use in plasma production[J]. Journal of Applied Physics, 68 (7): 3679-3687.

Gil J M, Rodriguez R, Florido R, et al. 2008. Determination of corona, LTE, and NLTE regimes of optically thin carbon plasmas[J]. Laser and Particle Beams, 26 (1): 21-31.

Godyak V A, Piejak R B, Alexandrovich B M. 1999. Experimental setup and electrical characteristics of an inductively coupled plasma[J]. Journal of Applied Physics, 85 (2): 703-712.

Godyak V A, Piejak R B, Alexandrovich B M. 2002. Electron energy distribution function measurements and plasma parameters in inductively coupled argon plasma[J]. Plasma Sources Science and Technology, 11 (4): 525-543.

Griem H R. 1964. Plasma Spectroscopy[M]. New York: McGraw-Hill.

Gudmundsson J T, Thorsteinsson E G. 2007. Oxygen discharges diluted with argon: Dissociation processes[J]. Plasma Sources Science and Technology, 16 (2): 399.

Hagelaar G J M, Pitchford L C. 2005. Solving the Boltzmann equation to obtain electron transport coefficients and rate coefficients for fluid models[J]. Plasma Sources Science and Technology, 14 (4): 722-733.

Harrington R F. 1968. Field Computation by Moment Methods[M]. New York: McMillan.

He X, Chen J P, Zhang Y C, et al. 2015. Numerical and experimental investigation on electromagnetic attenuation by semi-ellipsoidal shaped plasma[J]. Plasma Sources Science and Technology, 17 (10): 869-875.

Headrick J M. 1990. Looking over the horizon (HF radar) [J]. IEEE Spectrum, 27 (7): 36-39.

Henry A. 1973. Energy absorption by a radioisotope produced plasma: US. 23: 3713157[P].

Herrebout D, Bogaerts A, Gijbels R, et al. 2003. A one-dimensional fluid model for an acetylene RF discharge: A study of the plasma chemistry[J]. IEEE Transactions on Plasma Science, 31 (4): 659-664.

Hopwood J, Guarnieri C R, Whitehair S J, et al. 1993. Electromagnetic fields in a radio-frequency induction plasma[J]. Journal of Vacuum Science & Technology A: Vacuum, Surfaces, and Films, 11 (1): 147-151.

Howlader M K, Yang Y Q, Roth J R. 2002. Time-averaged electron number density measurement of a one atmosphere uniform glow discharge plasma by interactions with microwave radiation[C]. The 29th IEEE International Conference on Plasma ScienceBanff, Alberta.

Howlader M K, Yang Y Q, Roth J R. 2005. Time-resolved measurements of electron number density and collision frequency for a fluorescent lamp plasma using microwave diagnostics[J]. IEEE Transactions on Plasma Science, 33 (3): 1093-1099.

Hu B J, Wei G, Lai S L. 1999. SMM analysis of reflection, absorption and transmission from nonuniform magnetized plasma slab[J]. IEEE Transactions on Plasma Science, 27 (4): 1131-1136.

Huber P W, Akey N D, Croswell W F, et al. 1970. The entry plasma sheath and its effect on space vehicle electromagnetic systems[R]. Hampton: NASA Langley Research Center.

Iordanova S, Koleva I. 2007. Optical emission spectroscopy diagnostics of inductively-driven plasmas in argon gas at low pressures[J]. Spectrochimica Acta Part B: Atomic Spectroscopy, 62 (4): 344-356.

Issac R C, Gopinath P, Nampoori G K, et al. 1998. Twin peak distribution of electron emission profile and impact ionization of ambient molecules during laser ablation of silver target[J]. Applied Physics Letters, 73 (2): 163-165.

James G L, Brendan D, Yitzhak K. 2007. Langmuir probe diagnosis of laser ablation plasmas[J]. Journal of Physics: Conference Series, 59: 470-474.

Jung R O, Boffard J B, Anderson L W, et al. 2007. Excitation into 3p5p levels from the metastable levels of Ar[J]. Physical Review A, 75: 052707.

Kamran A, Scharer J E, Tysk S M, et al. 2003. Plasma interferometry at high pressure[J]. Review of Scientific Instruments, 174 (2): 997-1001.

Kanazawa S, Kogoma M, Moriwaki T, et al. 1988. Stable glow plasma at atmospheric pressure[J]. Journal of Physics D: Applied Physics, 21: 836-839.

Kano K, Suzuki M, Akatsuka H. 2000. Spectroscopic measurement of electron temperature and density in argon plasmas based on collisional-radiative model[J]. Plasma Sources Science and Technology, 9: 314.

Karkari S K, Gaman C, Ellingboe A R, et al. 2007. A floating hairpin resonance probe technique for measuring time-resolved electron density in pulse discharge[J]. Measurement Science and Technology, 18 (8): 2649-2656.

Kastner S O, Bhatia A K. 1997. Half-widths, escape probabilities and intensity factors of opacity-broadened Doppler- and Voigt-profile lines[J]. Journal of Quantitative Spectroscopy and Radiative Transfer, 58 (2): 217-231.

Kelly D F, Luebbers R J. 1996. Piecewise linear recursive convolution for dispersive media using FDTD[J]. IEEE Transactions on Antennas & Propagation, 44 (6): 792-797.

Kim J D, Jungling K C. 1995. Measurement of plasma density generated by a semiconductor bridge: Related imput energy and electrode material[J]. ETRI Journal, 17 (2): 11-19.

Kitajima T, Nakano T, Makabe T. 2006. Increased $O(1D)$ metastable density in highly Ar-diluted oxygen plasmas[J]. Applied Physics Letters, 88 (9): 091501.

Knott E F, Schaeffer J F, Tuley M T. 1993. Radar Cross Section[M]. Dedham: Artech House Inc.

Kokura H, Nakamura K, Ghanashev I, et al. 1999. Plasma absorption probe for measuring electron density in an environment soiled with processing plasmas[J]. Japanese Journal of Applied Physics, 38: 5262-5266.

Kolobov V I, Economou D J. 1997. The anomalous skin effect in gas discharge plasmas[J]. Plasma Sources Science and Technology, 6 (2): R1-R17.

Kondrat'ev I G, Konstrov A V, Smirnov A I, et al. 2002. Two-wire microwave resonator probe[J]. Plasma Physics Reports, 28 (11): 900-905.

Kortshagen U, Gibson N D, Lawler J E. 1996. On the E-H mode transition in RF inductive discharges[J]. Journal of Physics D: Applied Physics, 29 (5): 1224-1236.

Lee J K, Babaeva N Y, Kim H C, et al. 2004. Simulation of capacitively coupled single- and dual-frequency RF discharges[J]. IEEE Transactions on Plasma Science, 32 (1): 47-53.

Li J, Guo L X, He Q, et al. 2012. Investigation on scattering from a plasma-coated target over a rough sea surface using a multi-hybrid method[J]. Waves in Random and Complex Media, 22 (3): 344-355.

Li X C, Chang Y Y, Jia P Y, et al. 2012. Development of a dielectric barrier discharge enhanced plasma jet in atmospheric pressure air[J]. Physics of Plasmas, 94 (19): 093504.

Li Y H, Wu Y, Zhou M, et al. 2010. Control of the corner separation in a compressor cascade by steady and unsteady plasma aerodynamic actuation[J]. Experiments in Fluids, 48 (6): 1015-1023.

Liang O Y, Li H, Li B B, et al. 2007. Simulation of electron-beam generating plasma at atmospheric pressure[J]. Plasma Science and Technology, 9 (2): 169-173.

Lieberman M A, Both J P, Chabert P, et al. 2002. Standing wave and skin effects in large-area, high-frequency capacitive discharge[J]. IEEE International Conference on Plasma Science, Alberta.

Lieberman M A, Lichtenberg A J. 2005. Principles of Plasma Discharges and Materials Processing[M]. 2nd ed. New York: Wiley.

Likhanskii A V, Shneider M N, Macheret S O, et al. 2007. Modeling of dielectric barrier discharge plasma actuators driven by repetitive nanosecond pulses[J]. Physics of Plasmas, 14: 073501.

Liu Q Y, Li H, Chen Z P, et al. 2011. Continuous emission spectrum measurement for electron temperature determination in low-temperature collisional plasmas[J]. Plasma Sources Science and Technology, 13 (4): 451-457.

Liu S B, Mo J J, Yuan N H. 2003. FDTD analysis of reflection of electromagnetic wave from a conductive plane covered with inhomogeneous time-varying plasma[J]. Plasma Science and Technology, 5 (1): l669-1676.

Lontano M, Lunin N. 1994. Propagation of electromagnetic waves in inhomogeneous plasma[J]. Journal of Plasma Physics, 52 (3): 443-456.

Lu Y F, Hong M H. 1999. Electric signal detection at the early stage of laser ablation in air[J]. Journal of Applied Physics, 86 (5): 2812-2816.

Luebbers R, Hunsberger F, Kunz K, et al. 1990. A frequency-dependent finite-difference time-domain formulation for dispersive materials[J]. IEEE Transactions on Electromagnetic Compatibility, 32 (3): 222-227.

Mahoney L J, Wendt A E, Barriros E, et al. 1994. Electron-density and energy distributions in a planar inductively coupled discharge[J]. Journal of Applied Physics, 76 (4): 2041-2047.

Manheimer W M. 1991. Plasma reflectors for electronic beam steering in radar system[J]. IEEE Transactions on Plasma Science, 19 (6): 1228-1230.

Marten J, Toepffer C. 2004. Microfield fluctuations and radiative transitions in laser-generated strongly coupled plasmas[J]. The European Physical Journal D: Atomic, Molecular, Optical and Plasma Physics, 29 (3): 397-408.

Massines F, Rabehi A, Descomps P, et al. 1998. Mechanisms of a glow discharge at atmospheric pressure controlled by dielectric barrier[J]. Journal of Applied Physics, 83: 2950-2953.

Mathew J, Fernsler R, Meger R, et al. 1996. Generation of large area, sheet plasma mirrors for redirection high frequency microwaves beams[J]. Physical Review Letters, 77: 1982-1985.

Matthews J C G, Pinto J, Sarno C. 2007. Stealth solutions to solve the radar-wind farm interaction problem[C]. Proceedings of the Antennas and Propagation Conference, Loughborough.

Monreal J A, Chabert P, Godyak V A. 2013. Reduced electron temperature in a magnetized inductively-coupled plasma with internal coil[J]. Physics of Plasma, 20 (10): 103504-103511.

Moravej M. 2006. Properties of an atmospheric pressure radio-frequency argon and nitrogen plasma[J]. Plasma Sources Science and Technology, 15 (2): 204-210.

Mosallaei M, Rahmat-Samii Y. 2000. RCS reduction of canonical targets using genetic algorithm synthesized RAM[J]. IEEE Transactions on Antennas and Propagation, 48 (10): 1594-1606.

Mur G. 1981. Absorbing boundary conditions for the finite-difference approximation of the time-domain electromagnetic field equations[J]. IEEE Transactions on Electromagnetic Compatibility, 23 (4): 377-382.

Murphy D P, Fernsler R F, Pechacek R E. 1999. X-band microwave properties of a rectangular plasma sheet[R]. AD-A364135.

Nagornyi D A, Nagornyi A G. 2006. A microwave interferometer with increased stability for diagnostics of steady-state plasma[J]. Instruments and Experimental Techniques, 49 (6): 831-833.

Nam S K, Economou D J. 2004. Two-dimensional simulation of a miniaturized inductively coupled plasma reactor[J]. Journal of Applied Physics, 95 (5): 2272-2277.

Ogura K. 2003. Electrical probe measurements of the late stage of the plasma produced by laser irradiation in an argon gas-puff target[J]. Japanese Journal of Applied Physics, 42: 4518-4519.

Pathak P H, Burkholder R J. 1989. Modal, ray, and beam techniques for analyzing the EM scattering by open-ended waveguide cavities[J]. IEEE Transactions on Antennas and Propagation, 37 (5): 635-647.

Piejak R B, Godyak V A , Garner R. 2004. The hairpin resonator: A plasma density measuring technique revisited[J]. Journal of Applied Physics, 95 (7): 3785-3791.

Piejak R B, Al-Kuzee J, Braithwaite N S J. 2005. Hairpin resonator probe measurements in RF plasmas[J]. Plasma Sources Science and Technology, 14 (4): 734-743.

Potter D L. 2006. Introduction of the PIRATE program for parametric reentry vehicle plasma effects studies[C]. Proceedings of the 37th AIAA Plasma Dynamics and Lasers Conference, San Francisco.

Raizer Y P, Shneider M N, Yatsenko N A. 2000. Radio-Frequency Capacitive Discharges[M]. Boca Raton: CRC Press.

Ramsay D A. 1972. Spectroscopy[M]. London: University Park Press.

Robson A E, Morgan R L, Meger R A. 1992. Demonstration of a plasma mirror for microwaves[J]. IEEE Transactions on Plasma Science, 20 (6): 1036-1040.

Rokhlin V. 1990. Rapid solution of integral equations of scattering theory in two dimensions[J]. Journal of Computational Physics, 86: 414-439.

Rosmej F B, Lee R W, Riley D, et al. 2007. Warm dense matter and strongly coupled plasmas created by intense heavy ion beams and XUV-free electron laser: An overview of spectroscopic methods[J]. Journal of Physics: Conference Series, 72: 012007.

Ruck G T. 1970. Radar Cross Section Handbook[M]. New York: Plenum Press.

Rutberg P, Safronov A, Goryachev V. 1998. Strong-current arc discharges of alternating current[J]. IEEE Transactions on Plasma Science, 26 (4): 1297-1306.

Rybak J P, Churchill R J. 1971. Progress in reentry communication[J]. IEEE Transactions on Aerospace and Electronic Systems, 7 (5): 879-894.

Sands B L, Siefert N S, Ganguly B N. 2007. Design and measurement considerations of hairpin resonator probes for determining electron number density in collisional plasmas[J]. Plasma Sources Science and Technology, 16 (4): 716-725.

Scharwitz C, Boke M, Winter J, et al. 2009. Practical implementation of a two-hemisphere plasma absorption probe[J]. Applied Physics Letters, 94 (1): 011502.

Shen S M C. 2012. FDTD simulations on radar cross sections of metal cone and plasma covered metal cone[J]. Vaccum, 86 (7): 970-984.

Shibkov V M, Aleksandrov A F, Chernikov V A. 2006. Surface microwave discharge in air[C]. Proceedings of the 44th Aerospace Sciences Meeting and Exhibit, Reno.

Shochley T D, Bowie J L. 1966. Electromagnetic characteristics of a bounded plasma slab[J]. Proceedings of the IEEE, 54 (8): 1105-1106.

Shou S, Chung M. 2012. FDTD simulations on radar cross sections of metal cone and plasma covered metal cone[J]. Vaccum, 86 (7): 970-984.

Singh A, Destler W W, Catravas P, et al. 1992. Experimental study of interaction of microwave with a nonmagnetized pulsed-plasma column[J]. Journal of Applied Physics, 72 (5): 1707-1719.

Siushansian R, Lovetri J. 1995. A comparison of numerical techniques for modeling electromagnetic dispersive media[J]. IEEE Microwave and Guided Wave Letters, 5 (12): 426-428.

Song J M, Chew W C. 1995. Multilevel fast-multipole algorithm for solving combined field integral equations of electromagnetic scattering[J]. Microwave and Optical Technology Letters, 10 (10): 14-19.

Srarni A, Nikiforov A Y, Leys C. 2010. Atmospheric pressure plasma jet in Ar and Ar/H_2O mixtures: Optical emission spectroscopy and temperature measurements[J]. Physics of Plasmas, 17 (6): 063504.

Stenzel R L. 1975. Microwave resonator probe for localized density measurements in weakly magnetized plasmas[J]. Review of Scientific Instruments, 47(3): 603-607.

Sullivan D M. 1992. Frequency-dependent FDTD method using Z transforms[J]. IEEE Transactions on Antennas and Propagation, 40(10): 1223-1230.

Swarner W G, Peters L. 1963. Radar cross sections of dielectric or plasma coated conducting spheres and circular cylinders[J]. IEEE Transactions on Antennas and Propagation, 11(5): 558-569.

Takubo Y, Sato T, Asaoka N, et al. 2008. Emission- and fluorescence-spectroscopic investigation of a glow discharge plasma: Absolute number density of radiative and nonradiative atoms in the negative glow[J]. Physical Review E: Statistical, Nonlinear, and Soft Matter Physics, 77: 016405.

Taylor C D, Lam D H. 1969. EM pulse scattering in time varying inhomogeneous media[J]. IEEE Transactions on Antennas and Propagation, 17(5): 585-589.

Trombley H W, Terry F L, Elta M E. 1991. A self-consistent particle model for the simulation of RF glow discharges[J]. IEEE Transactions on Plasma Science, 19(2): 158-162.

Turkoz E, Celik M. 2015. AETHER: A simulation platform for inductively coupled plasma[J]. Journal of Computational Physics, 286: 87-102.

Turner M M. 1993. Collisionless electron heating in an inductively coupled discharge[J]. Physical Review Letters, 71(12): 1844-1847.

Turner M M. 2009. Collisionless heating in radio-frequency discharges: A review[J]. Journal of Physics D: Applied Physics, 42(19): 194088.

Tylor L D. 1994. Introduction to Ultra-Wideband Radar Systems[M]. Boca Raton: CRC Press.

Tyshetskiy Y O, Smolyakov A I, Godyak V A. 2003. Reduction of electron heating in the low-frequency anomalous-skin-effect regime[J]. Physical Review Letters, 90(25): 255002.

Verboncoeur J P. 2005. Particle simulation of plasmas: Review and advances[J]. Plasma Physics and Controlled Fusion, 47(5A): A231-A260.

Vergamota S, Cupido L, Manso M E, et al. 1995. Microwave interferometer with a differential quadrature phase detection[J]. Review of Scientific Instruments, 66(3): 2547-2551.

Vidmar R J, Eekstrom D J, Eash J J, et al. 1988. Broadband electromagnetic absorption via a collisional helium plasma: US. 5594446[P].

Wang S C, Wendt A E, Boffard J B, et al. 2013. Noninvasive, real-time measurements of plasma parameters via optical emission spectroscopy[J]. Journal of Vacuum Science and Technology A: Vacuum, Surfaces, and Films, 31(2): 021303.

Weber T, Boffard J B, Lin C C. 2003. Electron-impact excitation cross sections of the higher argon 3p5np(n = 5,6,7) levels[J]. Physical Review A, 68(3): 032719.

Wolf S, Arjomandi M. 2011. Investigation of the effect of dielectric barrier discharge plasma actuators on the radar cross section of an object[J]. Journal of Physics D: Applied Physics, 44(31): 315202.

Wu Y, Li Y H, Jia M, et al. 2008a. Influence of operating pressure on surface dielectric barrier discharge plasma aerodynamic actuation characteristics[J]. Applied Physics Letters, 93: 031503.

Wu Y, Li Y H, Pu Y K, et al. 2008b. Experimental investigation on p;asma aerodgnamic actuator's emission spectrum characterisbic[C]. The 46th AIAA Aerospace Sclences Meeting and Exhibit, Reno.

Xiong Q, Lu X P, Ostrikov K, et al. 2010. Pulsed dc-and sine-wave-excited cold atmospheric plasma plumes: A comparative analysis[J]. Physics of Plasmas, 17(4): 043506.

Xu B, Shi J M, Yuan Z C, et al. 2006. The Interaction of the collisional plasma with microwave[J]. Plasma Science and Technology, 8: 535-538.

Xu S, Xu Y M. 2014. Simulation analysis of an active cancellation stealth system[J]. International Journal for Light and Electron Optic, 125 (18): 5273-5277.

Yang H W, Liu Y. 2010. Runge-Kutta exponential time differencing method analysis of non-magnetized plasma stealth[J]. Journal of Infrared Millimeter and Terahertz Waves, 31 (9): 1075-1080.

Yee K S. 1966. Numerieal solution of initial boundary value problems involving Maxwell's equations in isotropic media[J]. IEEE Transactions on Antenna and Propagation, 14: 302-307.

Yin X, Zhang H, Sun S J, et al. 2013. Analysis of propagation and polarization characteristics of electromagnetic waves through nonuniform magnetized plasma slab using propagator matrix method[J]. Progress in Electromagnetics Research, 137: 159-186.

Yu D F, He S Y, Chen H T, et al. 2011. Research on the electromagnetic scattering of 3D target coated with anisotropic medium using impedance boundary condition[J]. Microwave and Optical Technology Letters, 53 (2): 458-462.

Yuan C X, Zhou Z X, Sun H G. 2010. Reflection properties of electromagnetic wave in a bounded plasma slab[J]. IEEE Transactions on Plasma Science, 38 (12): 3348-3355.

Yuan Z C, Shi J M, Wang J C. 2007. Experimental studies of microwave reflection and attenuation by plasmas produced by burning chemicals in atmosphere[J]. Plasma Science and Technology, 9: 158-161.

Zhang S, Hu X W, Jiang Z H. 2006. Propagation of an electromagnetic wave in an atmospheric pressure plasma: Numerical solutions[J]. Physics of Plasma, 13: 013502.

Zhang S, Hu X W, Liu M H, et al. 2007. Electromagnetic wave attenuation in atmospheric pressure plasma[J]. Plasma Science and Technology, 9: 162-166.

Zhu X M, Pu Y D, Guo Z G, et al. 2006. A novel method to determine electron density by optical emission spectroscopy in low-pressure nitrogen plasmas[J]. Physics of Plasmas, 13 (12): 123501.

Zhu X M, Pu Y K. 2007. A simple collisional-radiative model for low-pressure argon discharges[J]. Journal of Physics D: Applied Physics, 40 (8): 2533-2538.

附录 A　COMSOL Multiphysics 仿真中使用的反应碰撞截面数据

表 A.1　仿真中使用的反应截面数据

弹性碰撞		激发		电离	
ELASTIC		EXCITATION		IONIZATION	
$e^-+Ar \Rightarrow e^-+Ar$		$e^-+Ar \Rightarrow e^-+Ars$		$e^-+Ar \Rightarrow 2e^-+Ar^+$	
0.136E–04		11.50　6　1		15.80	
1.　1.		1.　1.		1. 1.	
----------------------------		----------------------------		----------------------------	
0.0000E+00	0.7500E–19	0.0000E+00	0.0000E+00	0.0000E+00	0.0000E+00
0.1000E–02	0.7500E–19	0.1150E+02	0.0000E+00	0.1580E+02	0.0000E+00
0.2000E–02	0.7100E–19	0.1270E+02	0.7000E–21	0.1600E+02	0.2020E–21
0.3000E–02	0.6700E–19	0.1370E+02	0.1410E–20	0.1700E+02	0.1340E–20
0.5000E–02	0.6100E–19	0.1470E+02	0.2280E–20	0.1800E+02	0.2940E–20
0.7000E–02	0.5400E–19	0.1590E+02	0.3800E–20	0.2000E+02	0.6300E–20
0.8500E–02	0.5050E–19	0.1650E+02	0.4800E–20	0.2200E+02	0.9300E–20
0.1000E–01	0.4600E–19	0.1750E+02	0.6100E–20	0.2375E+02	0.1150E–19
0.1500E–01	0.3750E–19	0.1850E+02	0.7500E–20	0.2500E+02	0.1300E–19
0.2000E–01	0.3250E–19	0.1990E+02	0.9200E–20	0.2650E+02	0.1450E–19
0.3000E–01	0.2500E–19	0.2220E+02	0.1170E–19	0.3000E+02	0.1800E–19
0.4000E–01	0.2050E–19	0.2470E+02	0.1330E–19	0.3250E+02	0.1990E–19
0.5000E–01	0.1730E–19	0.2700E+02	0.1420E–19	0.3500E+02	0.2170E–19
0.7000E–01	0.1130E–19	0.3000E+02	0.1440E–19	0.3750E+02	0.2310E–19
0.1000E+00	0.5900E–20	0.3300E+02	0.1410E–19	0.4000E+02	0.2390E–19
0.1200E+00	0.4000E–20	0.3530E+02	0.1340E–19	0.5000E+02	0.2530E–19
0.1500E+00	0.2300E–20	0.4200E+02	0.1250E–19	0.5500E+02	0.2600E–19
0.1700E+00	0.1600E–20	0.4800E+02	0.1160E–19	0.1000E+03	0.2850E–19
0.2000E+00	0.1030E–20	0.5200E+02	0.1110E–19	0.1500E+03	0.2520E–19
0.2500E+00	0.9100E–21	0.7000E+02	0.9400E–20	0.2000E+03	0.2390E–19
0.3000E+00	0.1530E–20	0.1000E+03	0.7600E–20	0.3000E+03	0.2000E–19
0.3500E+00	0.2350E–20	0.1500E+03	0.6000E–20	0.5000E+03	0.1450E–19
0.4000E+00	0.3300E–20	0.2000E+03	0.5050E–20	0.7000E+03	0.1150E–19
0.5000E+00	0.5100E–20	0.3000E+03	0.3950E–20	0.1000E+04	0.8600E–20
0.7000E+00	0.8600E–20	0.5000E+03	0.2800E–20	0.1500E+04	0.6400E–20
0.1000E+01	0.1380E–19	0.7000E+03	0.2250E–20	0.2000E+04	0.5200E–20
0.1200E+01	0.1660E–19	0.1000E+04	0.1770E–20	0.3000E+04	0.3600E–20
0.1300E+01	0.1820E–19	0.1500E+04	0.1360E–20	0.5000E+04	0.2400E–20

续表

弹性碰撞		激发		电离	
0.1500E+01	0.2100E−19	0.2000E+04	0.1100E−20	0.7000E+04	0.1800E−20
0.1700E+01	0.2300E−19	0.3000E+04	0.8300E−21	0.1000E+05	0.1350E−20
0.1900E+01	0.2500E−19	0.5000E+04	0.5800E−21	0.1000E+07	0.1350E−20
0.2100E+01	0.2800E−19	0.7000E+04	0.4500E−21		
0.2200E+01	0.2900E−19	0.1000E+05	0.3500E−21	--------------------------	
0.2500E+01	0.3300E−19	0.1000E+07	0.3500E−21		
0.2800E+01	0.3800E−19			IONIZATION	
0.3000E+01	0.4100E−19	--------------------------		e^-+Ars $\Rightarrow$ 2e^-+Ar$^+$	
0.3300E+01	0.4500E−19			4.427	
0.3600E+01	0.4900E−19			1. 1.	
0.4000E+01	0.5400E−19			--------------------------	
0.4500E+01	0.6100E−19			0.0000E+00	0.0000E+00
0.5000E+01	0.6700E−19			0.4427E+01	0.0000E+00
0.6000E+01	0.8100E−19			0.4628E+01	0.1849E−19
0.7000E+01	0.9600E−19			0.5000E+01	0.3100E−19
0.8000E+01	0.1170E−18			0.6000E+01	0.5800E−19
0.1000E+02	0.1500E−18			0.7000E+01	0.6900E−19
0.1200E+02	0.1450E−18			0.8000E+01	0.7600E−19
0.1500E+02	0.1370E−18			0.9000E+01	0.8000E−19
0.1700E+02	0.1100E−18			0.1000E+02	0.8200E−19
0.2000E+02	0.9200E−19			0.1150E+02	0.8350E−19
0.2500E+02	0.6800E−19			0.1550E+02	0.7800E−19
0.3000E+02	0.5500E−19			0.2000E+02	0.7000E−19
0.5000E+02	0.3200E−19			0.3000E+02	0.5400E−19
0.7500E+02	0.2150E−19			0.5000E+02	0.3800E−19
0.1000E+03	0.1600E−19			0.1000E+03	0.2050E−19
0.1500E+03	0.1100E−19			0.2000E+03	0.1200E−19
0.2000E+03	0.8800E−20			0.1000E+04	0.3500E−20
0.3000E+03	0.6000E−20			0.1000E+05	0.6100E−21
0.5000E+03	0.3700E−20			0.1000E+06	0.1080E−21
0.7000E+03	0.2600E−20			0.1000E+07	0.1080E−21
0.1000E+04	0.1700E−20				
0.1500E+04	0.9800E−21			--------------------------	
0.2000E+04	0.6600E−21				
0.3000E+04	0.3500E−21				
0.5000E+04	0.1500E−21				
0.7000E+04	0.8800E−22				
0.1000E+05	0.4900E−22				
0.1000E+07	0.4900E−22				

附录 B　氩原子反应过程及速率系数

1. 电子碰撞激发过程

表 B.1　电子碰撞激发过程及其反应速率系数

过程	速率系数/(cm³/s)	过程	速率系数/(cm³/s)
$e^- + Ar \longleftrightarrow e^- + Ar_{1s5}$	$2.7 \times 10^{-9} \exp(-11.9/T_e)$	$e^- + Ar_{1s4} \longleftrightarrow e^- + Ar_{2p8}$	$4 \times 10^{-7} \exp(-2/T_e)$
$e^- + Ar \longleftrightarrow e^- + Ar_{1s4}$	$3.5 \times 10^{-9} \exp(-12.3/T_e)$	$e^- + Ar_{1s2} \longleftrightarrow e^- + Ar_{2p8}$	$3 \times 10^{-8} \exp(-2/T_e)$
$e^- + Ar \longrightarrow e^- + Ar_{1s3}$	$5.5 \times 10^{-10} \exp(-12.2/T_e)$	$e^- + Ar_{1s5} \longrightarrow e^- + Ar_{2p7}$	$2 \times 10^{-8} \exp(-2/T_e)$
$e^- + Ar \longleftrightarrow e^- + Ar_{1s2}$	$8.3 \times 10^{-9} \exp(-12.7/T_e)$	$e^- + Ar_{1s4} \longrightarrow e^- + Ar_{2p7}$	$2 \times 10^{-7} \exp(-2/T_e)$
$e^- + Ar \longleftrightarrow e^- + Ar_{2p10}$	$2.0 \times 10^{-9} \exp(-13.0/T_e)$	$e^- + Ar_{1s3} \longleftrightarrow e^- + Ar_{2p7}$	$8 \times 10^{-8} \exp(-2/T_e)$
$e^- + Ar \longleftrightarrow e^- + Ar_{2p9}$	$1.9 \times 10^{-9} \exp(-13.5/T_e)$	$e^- + Ar_{1s2} \longleftrightarrow e^- + Ar_{2p7}$	$1 \times 10^{-8} \exp(-2/T_e)$
$e^- + Ar \longleftrightarrow e^- + Ar_{2p8}$	$2.2 \times 10^{-9} \exp(-13.6/T_e)$	$e^- + Ar_{1s5} \longleftrightarrow e^- + Ar_{2p6}$	$2 \times 10^{-7} \exp(-2/T_e)$
$e^- + Ar \longleftrightarrow e^- + Ar_{2p7}$	$1.1 \times 10^{-9} \exp(-13.9/T_e)$	$e^- + Ar_{1s4} \longrightarrow e^- + Ar_{2p6}$	$7 \times 10^{-8} \exp(-2/T_e)$
$e^- + Ar \longleftrightarrow e^- + Ar_{2p6}$	$1.5 \times 10^{-9} \exp(-13.5/T_e)$	$e^- + Ar_{1s2} \longleftrightarrow e^- + Ar_{2p6}$	$1 \times 10^{-7} \exp(-2/T_e)$
$e^- + Ar \longrightarrow e^- + Ar_{2p5}$	$1.0 \times 10^{-9} \exp(-13.6/T_e)$	$e^- + Ar_{1s4} \longrightarrow e^- + Ar_{2p5}$	$7 \times 10^{-8} \exp(-2/T_e)$
$e^- + Ar \longleftrightarrow e^- + Ar_{2p4}$	$1.0 \times 10^{-9} \exp(-14.0/T_e)$	$e^- + Ar_{1s5} \longleftrightarrow e^- + Ar_{2p4}$	$1 \times 10^{-8} \exp(-2/T_e)$
$e^- + Ar \longleftrightarrow e^- + Ar_{2p3}$	$1.3 \times 10^{-9} \exp(-13.7/T_e)$	$e^- + Ar_{1s3} \longleftrightarrow e^- + Ar_{2p4}$	$5 \times 10^{-7} \exp(-2/T_e)$
$e^- + Ar \longleftrightarrow e^- + Ar_{2p2}$	$7 \times 10^{-10} \exp(-13.8/T_e)$	$e^- + Ar_{1s5} \longleftrightarrow e^- + Ar_{2p3}$	$2 \times 10^{-8} \exp(-2/T_e)$
$e^- + Ar \longleftrightarrow e^- + Ar_{2p1}$	$2.2 \times 10^{-9} \exp(-13.9/T_e)$	$e^- + Ar_{1s4} \longrightarrow e^- + Ar_{2p3}$	$7 \times 10^{-8} \exp(-2/T_e)$
$e^- + Ar \longleftrightarrow e^- + Ar_{2s3d}$	$8.0 \times 10^{-9} \exp(-14.5/T_e)$	$e^- + Ar_{1s2} \longrightarrow e^- + Ar_{2p3}$	$3 \times 10^{-7} \exp(-2/T_e)$
$e^- + Ar \longleftrightarrow e^- + Ar_{3p}$	$4.0 \times 10^{-9} \exp(-14.9/T_e)$	$e^- + Ar_{1s5} \longrightarrow e^- + Ar_{2p2}$	$1 \times 10^{-8} \exp(-2/T_e)$
$e^- + Ar \longleftrightarrow e^- + Ar_{hl}$	$4.0 \times 10^{-9} \exp(-15.8/T_e)$	$e^- + Ar_{1s4} \longrightarrow e^- + Ar_{2p2}$	$6 \times 10^{-8} \exp(-2/T_e)$
$e^- + Ar_{1s5} \longrightarrow e^- + Ar_{2p10}$	$3 \times 10^{-7} \exp(-2/T_e)$	$e^- + Ar_{1s3} \longrightarrow e^- + Ar_{2p2}$	$2 \times 10^{-7} \exp(-2/T_e)$
$e^- + Ar_{1s4} \longrightarrow e^- + Ar_{2p10}$	$1.5 \times 10^{-7} \exp(-2/T_e)$	$e^- + Ar_{1s2} \longrightarrow e^- + Ar_{2p2}$	$6 \times 10^{-8} \exp(-2/T_e)$
$e^- + Ar_{1s3} \longrightarrow e^- + Ar_{2p10}$	$1.5 \times 10^{-7} \exp(-2/T_e)$	$e^- + Ar_{1s2} \longrightarrow e^- + Ar_{2p1}$	$6 \times 10^{-8} \exp(-2/T_e)$
$e^- + Ar_{1s5} \longleftrightarrow e^- + Ar_{2p9}$	$6 \times 10^{-7} \exp(-2/T_e)$	$e^- + Ar_{1s} \longleftrightarrow e^- + Ar_{3p}$	$5 \times 10^{-8} \exp(-3/T_e)$
$e^- + Ar_{1s5} \longrightarrow e^- + Ar_{2p8}$	$1 \times 10^{-7} \exp(-2/T_e)$		

2. 布居转移过程

表 B.2　布居转移过程及其反应速率系数

过程	速率系数/(cm³/s)	过程	速率系数/(cm³/s)
$e^- + Ar_{1s5} \longleftrightarrow e^- + Ar_{1s4}$	$1 \times 10^{-7} T_e^{-0.6}$	$Ar + Ar_{2p10} \longleftrightarrow Ar + Ar_{1s}$	$1.5 \times 10^{-11} (T_g/300)^{0.5}$
$e^- + Ar_{1s3} \longleftrightarrow e^- + Ar_{1s2}$	$1 \times 10^{-7} T_e^{-0.6}$	$Ar + Ar_{2p3} \longleftrightarrow Ar + Ar_{2p4}$	$2 \times 10^{-11} (T_g/300)^{0.5}$
$e^- + Ar_{1s3} \longleftrightarrow e^- + Ar_{1s4}$	$2 \times 10^{-8} T_e^{-0.6}$	$Ar + Ar_{2p3} \longleftrightarrow Ar + Ar_{2p6}$	$2 \times 10^{-11} (T_g/300)^{0.5}$
$e^- + Ar_{1s5} \longleftrightarrow e^- + Ar_{1s2}$	$2 \times 10^{-8} T_e^{-0.6}$	$Ar + Ar_{2p5} \longleftrightarrow Ar + Ar_{2p6}$	$2.5 \times 10^{-11} (T_g/300)^{0.5}$
$e^- + Ar_{2p} \longleftrightarrow e^- + Ar_{2p}$	$4 \times 10^{-7} T_e^{-0.6}$	$Ar + Ar_{2p5} \longleftrightarrow Ar + Ar_{2p8}$	$1.5 \times 10^{-11} (T_g/300)^{0.5}$
$e^- + Ar_{2p} \longleftrightarrow e^- + Ar_{2s3d}$	$2 \times 10^{-6} \exp(-2/T_e)$	$Ar + Ar_{2p6} \longleftrightarrow Ar + Ar_{2p7}$	$2 \times 10^{-11} (T_g/300)^{0.5}$
$e^- + Ar_{2s3d} \longleftrightarrow e^- + Ar_{3p}$	2×10^{-5}	$Ar + Ar_{2p6} \longleftrightarrow Ar + Ar_{2p8}$	$1 \times 10^{-11} (T_g/300)^{0.5}$
$e^- + Ar_{hl} \longleftrightarrow e^- + Ar_{2s3d}$	2×10^{-5}	$Ar + Ar_{2p7} \longleftrightarrow Ar + Ar_{2p8}$	$1 \times 10^{-11} (T_g/300)^{0.5}$
$e^- + Ar_{hl} \longleftrightarrow e^- + Ar_{3p}$	2×10^{-5}	$Ar + Ar_{2p7} \longleftrightarrow Ar + Ar_{2p9}$	$2 \times 10^{-11} (T_g/300)^{0.5}$
$Ar + Ar_{2p1} \longleftrightarrow Ar + Ar_{1s}$	$3 \times 10^{-11} (T_g/300)^{0.5}$	$Ar + Ar_{2p8} \longleftrightarrow Ar + Ar_{2p9}$	$2.5 \times 10^{-11} (T_g/300)^{0.5}$
$Ar + Ar_{2p2} \longleftrightarrow Ar + Ar_{1s}$	$1 \times 10^{-11} (T_g/300)^{0.5}$	$Ar + Ar_{2p9} \longleftrightarrow Ar + Ar_{2p10}$	$3 \times 10^{-11} (T_g/300)^{0.5}$
$Ar + Ar_{2p3} \longleftrightarrow Ar + Ar_{1s}$	$3 \times 10^{-11} (T_g/300)^{0.5}$	$Ar + Ar_{3p} \longleftrightarrow Ar + Ar_{2p}$	$1 \times 10^{-11} (T_g/300)^{0.5}$
$Ar + Ar_{2p4} \longleftrightarrow Ar + Ar_{1s}$	$3 \times 10^{-11} (T_g/300)^{0.5}$	$Ar + Ar_{3p} \longleftrightarrow Ar + Ar_{2s3d}$	$1 \times 10^{-11} (T_g/300)^{0.5}$
$Ar + Ar_{2p7} \longleftrightarrow Ar + Ar_{1s}$	$4 \times 10^{-11} (T_g/300)^{0.5}$	$Ar + Ar_{2s3d} \longleftrightarrow Ar + Ar_{2p}$	$1 \times 10^{-11} (T_g/300)^{0.5}$
$Ar + Ar_{2p8} \longleftrightarrow Ar + Ar_{1s}$	$4 \times 10^{-11} (T_g/300)^{0.5}$	$Ar + Ar_{hl} \longleftrightarrow Ar + Ar_{2s3d}$	$1 \times 10^{-11} (T_g/300)^{0.5}$
$Ar + Ar_{2p9} \longleftrightarrow Ar + Ar_{1s}$	$3 \times 10^{-11} (T_g/300)^{0.5}$	$Ar + Ar_{hl} \longleftrightarrow Ar + Ar_{3p}$	$1 \times 10^{-11} (T_g/300)^{0.5}$

3. 电子碰撞电离过程

表 B.3　电子碰撞电离过程及其反应速率系数

过程	速率系数/(cm³/s)	过程	速率系数/(cm³/s)
$e^- + Ar_{1s} \longrightarrow e^- + e + Ar^+$	$2 \times 10^{-7} \exp(-6.2/T_e)$	$e^- + Ar_{3p} \longrightarrow e^- + e^- + Ar^+$	$2 \times 10^{-5} \exp(-2.2/T_e)$
$e^- + Ar_{2p} \longrightarrow e^- + e + Ar^+$	$2 \times 10^{-6} \exp(-4.4/T_e)$	$e^- + Ar_{hl} \longrightarrow e^- + e^- + Ar^+$	$2 \times 10^{-4} \exp(-0.5/T_e)$
$e^- + Ar_{2s3d} \longrightarrow e^- + e^- + Ar^+$	$6 \times 10^{-6} \exp(-2.4/T_e)$		

4. 激态粒子的 Penning 电离过程

表 B.4　激态粒子的 Penning 电离过程及其反应速率系数

过程	速率系数/(cm^3/s)
$Ar_{1s} + Ar_{1s} \longrightarrow e^- + Ar + Ar^+$	$5 \times 10^{-10} \exp(T_g/300)$
$Ar_{2p} + Ar_{1s} \longrightarrow e^- + Ar + Ar^+$	$5 \times 10^{-10} \exp(T_g/300)$
$Ar_{2s3d} + Ar_{1s} \longrightarrow e^- + Ar + Ar^+$	$7 \times 10^{-10} \exp(T_g/300)$
$Ar_{3p} + Ar_{1s} \longrightarrow e^- + Ar + Ar^+$	$7 \times 10^{-10} \exp(T_g/300)$
$Ar_{hl} + Ar_{1s} \longrightarrow e^- + Ar + Ar^+$	$7 \times 10^{-10} \exp(T_g/300)$
$Ar_2^* + Ar_{1s} \longrightarrow e^- + Ar + Ar_2^+$	$7 \times 10^{-10} (T_g/300)^{0.5}$
$Ar_2^* + Ar_2^* \longrightarrow e^- + Ar + Ar + Ar_2^+$	$7 \times 10^{-10} (T_g/300)^{0.5}$

5. 电子碰撞复合过程

表 B.5　电子碰撞复合过程及其反应速率系数

过程	速率系数/(cm^3/s)
$e^- + e^- + Ar^+ \longrightarrow e^- + Ar_{hl}$	$2 \times 10^{-27} T_e^{-4.5}$
$e^- + Ar + Ar^+ \longrightarrow Ar + Ar_{hl}$	$1.5 \times 10^{-28} \exp(T_g/300)^{-2.5}$
$e^- + Ar_2^+ \longrightarrow Ar + Ar$	$1 \times 10^{-7} T_e^{-0.6} (T_g/300)^{-0.6}$
$e^- + Ar_2^+ \longrightarrow Ar_{1s} + Ar$	$1 \times 10^{-8} T_e^{-0.6} (T_g/300)^{-0.6}$
$e^- + Ar_2^+ \longrightarrow Ar_{2p} + Ar$	$1 \times 10^{-8} T_e^{-0.6} (T_g/300)^{-0.6}$
$e^- + Ar_2^+ \longrightarrow Ar_{2s3d} + Ar$	$1 \times 10^{-8} T_e^{-0.6} (T_g/300)^{-0.6}$
$e^- + Ar_2^+ \longrightarrow Ar_{3p} + Ar$	$1 \times 10^{-8} T_e^{-0.6} (T_g/300)^{-0.6}$
$e^- + Ar_2^+ \longrightarrow Ar_{hl} + Ar$	$6 \times 10^{-8} T_e^{-0.6} (T_g/300)^{-0.6}$

6. 碰撞分裂过程

表 B.6　碰撞分裂过程及其反应速率系数

过程	速率系数/(cm^3/s)
$Ar_2^* + Ar \longrightarrow Ar + Ar + Ar$	1×10^{-32}
$Ar_2^+ + Ar \longrightarrow Ar^+ + Ar + Ar$	$2.5 \times 10^{-31} \left(T_g/300 \right)^{-1}$
$e^- + Ar_2^+ \longrightarrow e^- + Ar + Ar^+$	$1 \times 10^{-6} \exp\left(-2/T_e\right)$
$e^- + Ar_2^* \longleftrightarrow e^- + Ar + Ar_{1s}$	$1 \times 10^{-8} \exp\left(-1/T_e\right)$

7. 三体碰撞化合反应

表 B.7　三体碰撞化合反应及其速率系数

过程	速率系数/(cm^6/s)
$Ar_{1s} + Ar + Ar \longrightarrow Ar_2^* + Ar$	1×10^{-32}
$Ar + Ar + Ar^+ \longrightarrow Ar_2^+ + Ar$	$2.5 \times 10^{-31} \left(T_g/300 \right)^{-1}$